太空的故事

献给我的弟弟埃德蒙。——马丁·詹金斯

献给詹姆斯和丹尼尔。——斯蒂芬·比斯蒂

图书在版编目（CIP）数据

太空的故事 / （英）马丁·詹金斯著 ；（英）斯蒂芬·
比斯蒂绘 ；刘桂琳译. -- 石家庄 ：花山文艺出版社，2021.5（2023.10重印）
 ISBN 978-7-5511-5607-3

Ⅰ．①太… Ⅱ．①马… ②斯… ③刘… Ⅲ．①空间探
索—儿童读物 Ⅳ．①V11-49

中国版本图书馆CIP数据核字(2021)第056054号
冀图登字：03-2020-102号

Text © 2017 Martin Jenkins
Illustrations © 2017 Stephen Biesty
Published by arrangement with Walker Books Limited, London SE11 5HJ

本书中文简体版权归属于银杏树下（北京）图书有限责任公司

书　　名：**太空的故事**
　　　　　TAIKONG DE GUSHI
著　　者：[英] 马丁·詹金斯
绘　　者：[英] 斯蒂芬·比斯蒂
译　　者：刘桂琳

选题策划：北京浪花朵朵文化传播有限公司
出版统筹：吴兴元
编辑统筹：张丽娜
责任编辑：林艳辉
特约编辑：骆　菲
责任校对：李　伟
营销推广：ONEBOOK
美术编辑：胡彤亮
装帧制造：墨白空间·王茜
排　　版：余潇靓
出版发行：花山文艺出版社（邮政编码：050061）
　　　　　（河北省石家庄市友谊北大街330号）
印　　刷：天津联城印刷有限公司
经　　销：新华书店
开　　本：920毫米×1092毫米　1/12
印　　张：6
字　　数：80千字
版　　次：2021年5月第1版
　　　　　2023年10月第5次印刷
书　　号：ISBN 978-7-5511-5607-3
定　　价：88.00元

读者服务：reader@hinabook.com 188-1142-1266
投稿服务：onebook@hinabook.com 133-6631-2326
直销服务：buy@hinabook.com 133-6657-3072
官方微博：@浪花朵朵童书

浪花朵朵

［英］马丁·詹金斯　著　　　　［英］斯蒂芬·比斯蒂　绘　　　　刘桂琳　译

太空的故事

花山文艺出版社

河北·石家庄

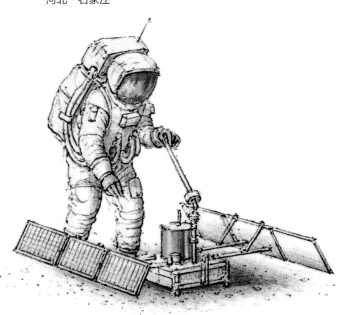

目 录

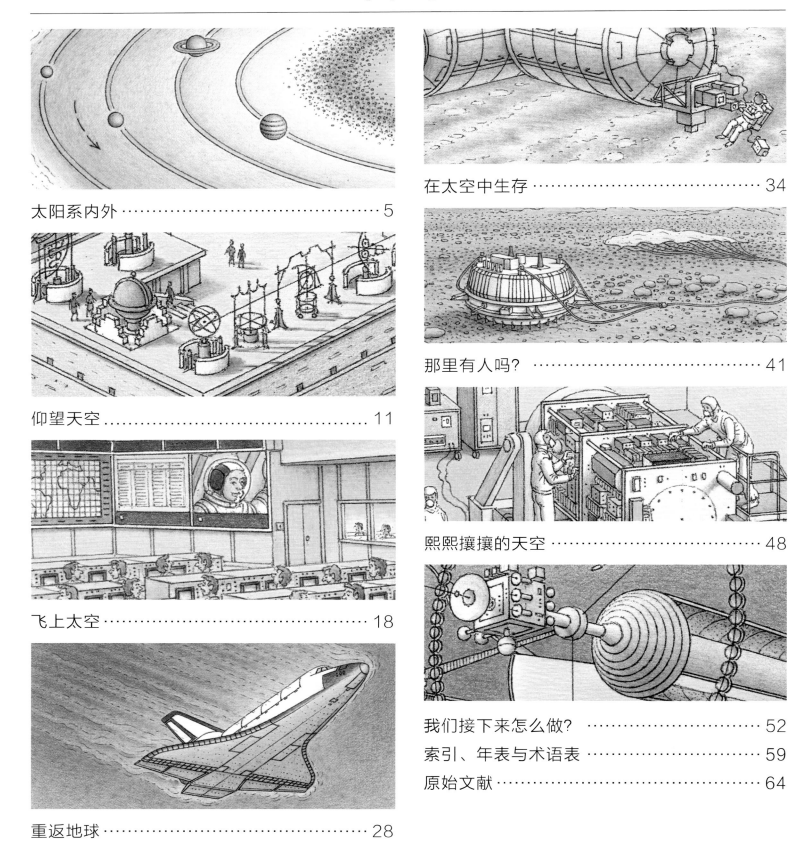

太阳系内外 ······················· 5

仰望天空 ························· 11

飞上太空 ························· 18

重返地球 ·························· 28

在太空中生存 ····················· 34

那里有人吗？ ····················· 41

熙熙攘攘的天空 ··················· 48

我们接下来怎么做？ ··············· 52

索引、年表与术语表 ··············· 59

原始文献 ························· 64

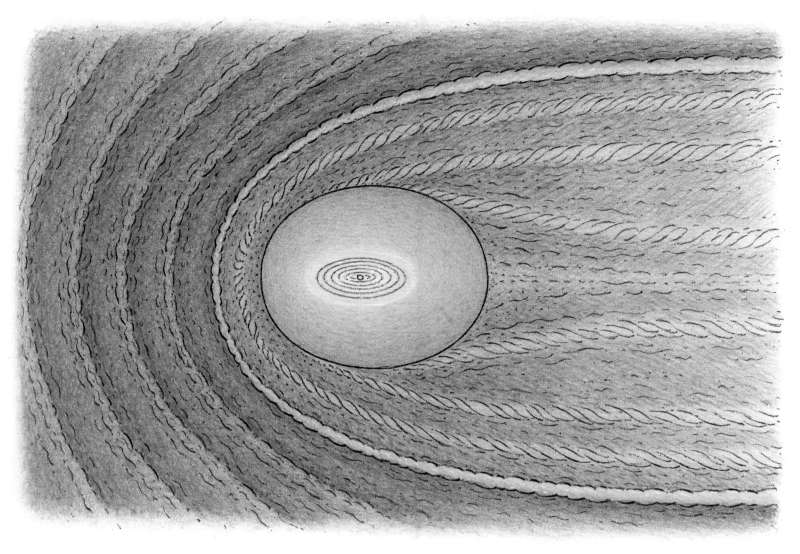

太阳系就像宇宙空间中的一个巨大气泡，太阳位于气泡中心。气泡边缘叫作日球层顶。

太阳系内外

1977 年 9 月 5 日，对坐落在佛罗里达州卡纳维尔角的美国空军发射场来说，这个星期一似乎是个很平常的工作日。一枚泰坦三号 E 半人马座火箭定于这一天正午前后发射升空。这也司空见惯了，此前的 20 年，已经有几百枚火箭从这里起飞了。这枚火箭上也没有搭载什么了不得的东西：没有搭载人，也没有动物，只有一架重 722 千克的无人航天器，大小跟一架三角钢琴相仿。航天器上的装备包括摄像机和传感器、一些计算机（用今天的标准来看性能弱到家了）、3 台小型核动力发电机，以及一套无线电系统，系统中包括一架直径 3.7 米的碟形天线。为方便起飞，天线被折叠得像一把巨型雨伞。不过，还是有一个特别之处：航天器外面贴着一个铝盒，铝盒里是一张镀金的铜质留声机唱片，唱片里刻录了一些声音和 100 多张编码照片，唱片封面有些奇形怪状的符号。

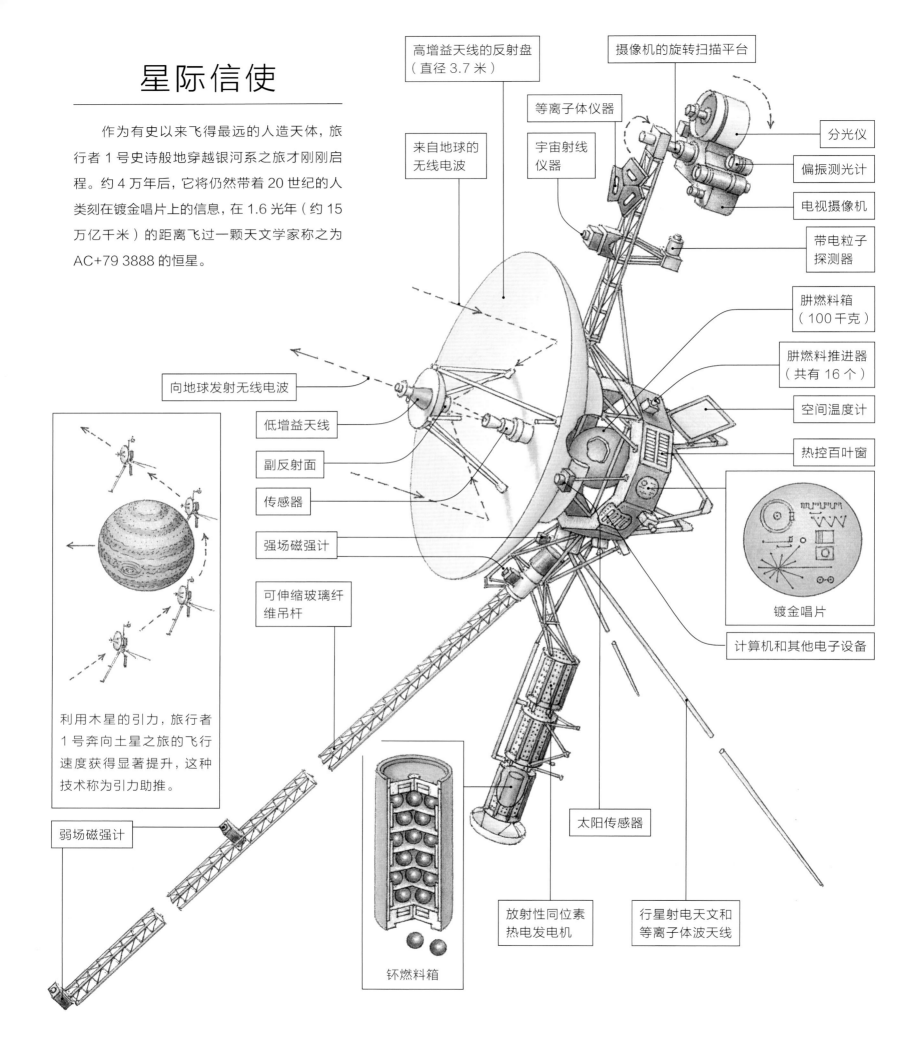

星际信使

作为有史以来飞得最远的人造天体，旅行者 1 号史诗般地穿越银河系之旅才刚刚启程。约 4 万年后，它将仍然带着 20 世纪的人类刻在镀金唱片上的信息，在 1.6 光年（约 15 万亿千米）的距离飞过一颗天文学家称之为 AC+79 3888 的恒星。

高增益天线的反射盘（直径 3.7 米）

摄像机的旋转扫描平台

等离子体仪器

宇宙射线仪器

来自地球的无线电波

分光仪

偏振测光计

电视摄像机

带电粒子探测器

肼燃料箱（100 千克）

肼燃料推进器（共有 16 个）

空间温度计

热控百叶窗

向地球发射无线电波

低增益天线

副反射面

传感器

强场磁强计

镀金唱片

计算机和其他电子设备

可伸缩玻璃纤维吊杆

利用木星的引力，旅行者 1 号奔向土星之旅的飞行速度获得显著提升，这种技术称为引力助推。

弱场磁强计

放射性同位素热电发生机

钚燃料箱

太阳传感器

行星射电天文和等离子体波天线

这张唱片的存在就暗示着这绝不是一次寻常的火箭发射。其实这次发射即将开启的，是人类从地球这颗行星出发，有史以来最具史诗性的一次远征。此后过了不到35年，这架仍在运行、仍在向地球回传信息的航天器——旅行者1号，穿过一道称作日球层顶的看不见的边界，驶入了星际空间，将我们已知的太阳系行星都远远抛在了身后。它此时已经飞过180亿千米了，约是日地距离的120多倍，真是不可思议。

旅行者1号的成功，已经超越了人们敢于对它寄予的所有期望。它本来的任务是去探索那些轨道远在太阳系外圈、神神秘秘的巨行星。科学家们早在20世纪60年代就推算出，木星、土星、天王星和海王星这全部4颗巨行星将在接下来的10年内列好队形，这时只要运用一种称为引力助推的特殊技术，航天器就可以从它们身旁逐一掠过。

这是个百年不遇的良机，巨行星再次列成这样的队形，要等175年之后了。这个项目发起者是美国国家航空和宇航局，他们本来想趁机发射几个空间探测器的，后来发现那样做开销太大了。最终，美国国家航空和宇航局还是成功说服美国政府提供了发射两架（而不是一架）探测器的资金，并给两架探测器规划了不一样的使命：旅行者2号去造访所有4颗巨行星；而它毫无二致的双胞胎兄弟旅行者1号，将循着一条更为笔直的航线，只造访木星和土星。

容易让人弄错的是，发射在先的是旅行者2号（1977年8月20日），不过到1977年年底，旅行者1号就已经飞到了旅行者2号前面。此后的15个月里，旅行者1号穿越太空，直奔木星这颗太阳系最大的行星。1979年3月，它在距离这颗巨行星表面20.7万千米的轨道上飞掠而过，又一头扎进深空，继续飞向土星。1980年11月，它掠过了土星和众多的土星卫星，通过传感器把照片和信息传回地球。主要使命圆满完成后，旅行者1号继续远航，它现在的任务是探索外太阳系，直到它的电力耗尽、仪器无法运转。

旅行者1号造访土星后约9个月，旅行者2号也飞到了那里，接着它继续向更远的天王星和海王星飞去。它先用约四年半飞到天王星，再用约三年半飞到了海王星，此后朝着另一个方向，也踏上了飞离太阳的征程。

除这两架旅行者号以外，还有三架航天器目前也在飞离太阳系的路上（1972年、1973年发射的先驱者10号、先驱者11号和2006年发射的新视野号）。我们不清楚它们何时才算把太阳系彻底抛在身后，因为我们还不确定哪里才是太阳系边缘。前面提到的日球层顶是一种说法，但其实太阳引力的影响范围远远超出其外。天文学家们确信，在日球层顶以外很远很远，有个叫欧皮克－奥尔特云的地方，那里有数十亿个天体像我们的地球一样，也在永无休止地绕太阳公转（有些天体的直径可以达到数十千米），只是它们的公转轨道比地球大得多。欧皮克－奥尔特云的边缘可以看作另一条太阳系边界。即使旅行者1号以高达6万千米的时速前进，飞到那里也要差不多3万年以后了，那时这架航天器早就停工了。大概2025年以后它的电池就再也无力驱动任何仪器设备了。不过，那时它应该仍完好无损，在奔往星系（银河系）外层空间的孤独旅途上继续飞驰。

想想真是了不起啊，汽车[①]才发明了100多年，我们人类就已经制造发射了能飞离太阳系的航天器。不仅如此，我们已经让空间探测器在两颗行星、两颗天然卫星和一颗彗星上成功着陆，并亲自拜访了其中1颗天然卫星（月球），还不止一次，而有六次之多。难怪人们要把这个时代称作太空时代了。

----

① 编者注：1885年，德国人发明汽油引擎三轮车。

咱们的后院

太阳系是个相当热闹的地方。包括地球在内的八大行星绕着太阳奔跑不息，它们的轨道是稍稍拉长的圆，也就是椭圆 [①]；它们绕太阳公转一周的时间各不相同，从 87.97 天到 164.79 年不等。

还有不少别的天体也围着太阳转：小行星们聚集在火星和木星之间的小行星带上，有些直径足有数百千米；彗星们沿着大偏心率轨道，从太阳系外围猛扑进来又狂甩出去；而海王星之外的柯伊伯带，是包括冥王星在内的矮行星和彗星的居所。

除水星和金星以外，所有行星都有自己的天然卫星（包括卫星和超小卫星），这些卫星在轨道上围着它们运转。地球只有一颗卫星，火星有两颗，土星不但有几十颗卫星，还有一系列壮观的冰环，在地球上就能看到。

① 编者注：广义相对论修正了万有引力定律，算出行星运动的轨道并非简单而固定的椭圆。

外太阳系行星

海王星	天王星	土星	木星
164.79 年	84.01 年	29.46 年	11.86 年

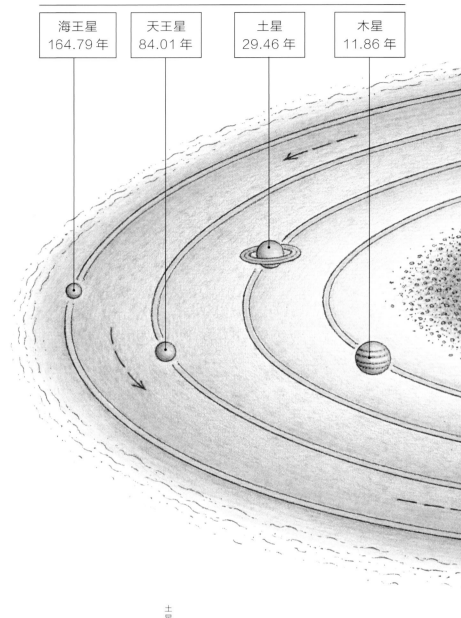

比例尺上的太阳系

太阳　水星　金星　地球　火星　　　　　　　　木星　　　　　　土星

一个天文单位约是 1.5 亿千米，即日地之间的平均距离。

我们在宇宙中的位置

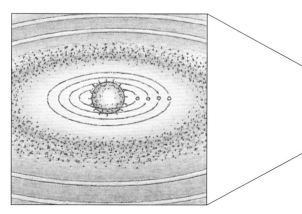

我们太阳系中心的太阳，是本地近邻星际空间中的几十颗恒星之一。

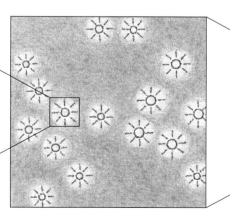

我们的太阳系是银河系猎户臂上微不足道的一部分。

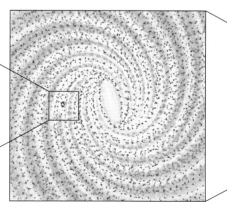

银河系是本星系群中数十个星系之一。

内太阳系行星

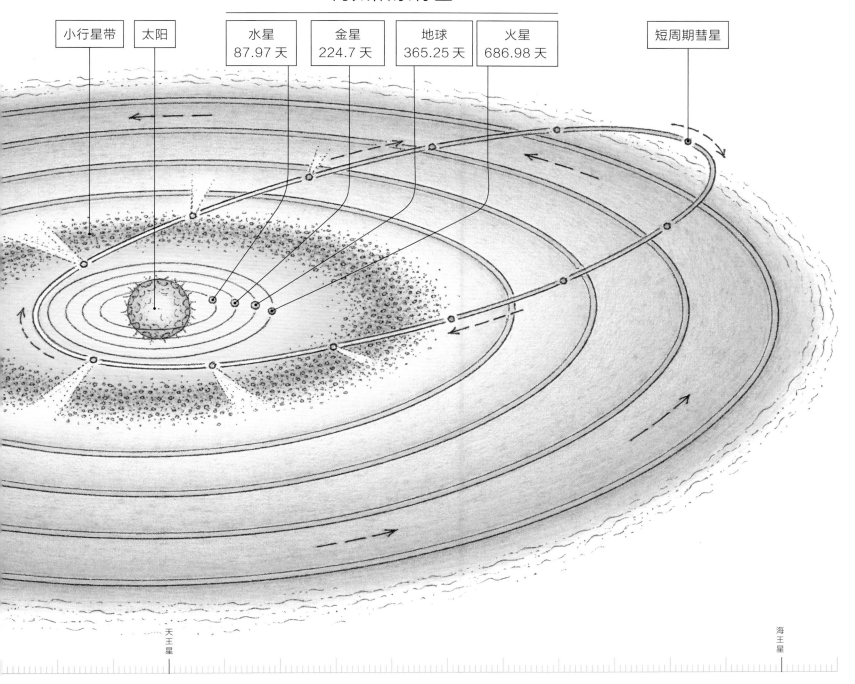

小行星带　太阳　水星 87.97 天　金星 224.7 天　地球 365.25 天　火星 686.98 天　短周期彗星

天王星　海王星

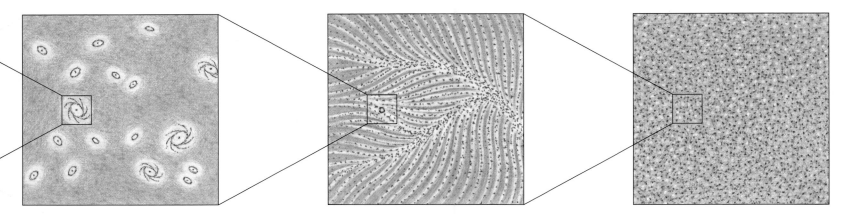

本星系群属于拉尼亚凯亚的超星系团。　　拉尼亚凯亚超星系团拥有约 10 万个星系。　　相比于已知宇宙中的星系数量，这还不到百万分之一。

这些年来，我们对太阳系和系外的广袤宇宙已经获得了极多的了解，也深深认识到太阳系在茫茫宇宙中是多么渺小。现在我们知道，太阳只不过是银河系一条旋臂上的一颗平平无奇、小小的中年恒星；我们知道，银河系里还有1000亿到10,000亿颗其他恒星；而银河系本身，又只是我们在地球上可观测的宇宙中那1000多亿个星系当中的一个，这些星系个个都包含数不清的恒星。了解了这些，我们可以猜一猜在已知的宇宙中总共有多少恒星。毫不意外，这个数目极为庞大（一项最近的估算结果是约300,000,000,000,000,000,000,000个，即 3×10^{23} 个）。

此外我们知道，可观测的宇宙浩瀚无比，范围大概有930亿光年（一光年是光在真空中传播一年走过的距离，约9.5万亿千米）。我们还知道，宇宙形成于138亿年前一次巨大的爆炸，从那时起至今它一直在膨胀。然而，我们不知道的东西还多得很，包括一些非常基本的事情，比如宇宙主要是由什么组成的。我们能够实际测量的都是构成恒星和行星（以及我们人类自己）的物质，以及光和无线电波等种种形式的能量。不过，相比于我们能测算出宇宙中必定存在的所有一切，这些大约只占了其中1/20。科学家们把剩下的19/20称为暗物质和暗能量，但这二者是什么，他们其实根本没有线索。

另一件我们不知道的事，就是地球之外是不是还有生命。正是这个缘故，才有了旅行者1号那张镀金唱片①。从没人指望这张唱片离开地球后还会有人去听它，这不过是在向地球之外的宇宙空间传递一些信息。镀金唱片封面上的符号，用图形（而不是文字）解释了怎样播放这张唱片和它来自银河系的什么地方。万一，只是万一，有什么外星生命邂逅了它，又有足够的智慧弄明白它是什么、怎么聆听它的声音、怎么解码上面的照片，他们或许就能稍稍了解一下生活在地球这颗行星上的我们，以及我们人类在自己历史长河的一瞬曾经看重的一些东西，比如蟋蟀的叫声、查克·贝里（Chuck Berry）的摇滚乐、泰姬陵的照片，抑或是一张全家福……

① 编者注：旅行者2号也携带了一张镀金唱片。

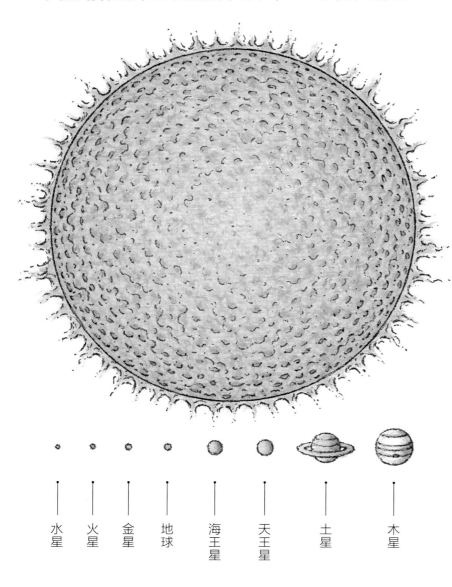

水星　火星　金星　地球　海王星　天王星　土星　木星

直径达140万千米的太阳，是太阳系最大的天体。不过，与其他天体一样，太阳跟周围的广袤空间比起来，就是小巫见大巫了。如果把太阳压缩成橙子那么大，地球就成了8米外的一粒罂粟籽，而海王星就成了沿路走出240米外见到的一粒葡萄籽！

坐落在中国北京的古观象台，建于望远镜发明之前。

仰望天空

　　我们这个"家"，大致就是一枚在旋转的小小石球，在那无比浩瀚的茫茫宇宙中，它绕着一颗普普通通的恒星公转——时至今日，我们大多数人都不会觉得这样的观念有什么不好接受的，但情况并非一向如此。在历史上的大部分时间里，人们都以为我们人类一定位于宇宙万物的中心。这倒很容易理解，毕竟就目力所及，我们居住的大地一动不动，每天每夜日月星辰全都划过天空围着我们轮转

不休，这不是有目共睹的吗？大地肯定是个平盘一类的东西吧，四周可能是被大海环绕着；天上的万物在它上方组成了一只巨碗，天体都在碗上穿行呢。

　　当古代世界的人们开始更深入地探讨几何学和数学时，就有人发现问题了。这里的一大症结就在于大地是平的这个观点。果真如此的话，船只出海时怎么看起来是从海平面沉下去的，桅杆的顶端最后消失呢？不应该是渐

行渐远、越来越小，一直小到看不见吗？这个现象说明，大地的表面只能是弯的，不能是平的。

早在古希腊时期，天文学家们就已经推断出大地是球形或近似球形了，时间不晚于公元前 300 年。大约在公元前 250 年，他们中的一位，埃拉托色尼（Eratosthenes）甚至算出了地球的周长，计算结果的准确程度令人惊叹（赤道周长 4 万千米）。约 100 百年后，他们中的另一位天文学家喜帕恰斯（Hipparchus）估算了地球和月球的距离，得到的结果也接近准确值（约 40 万千米）。

当时的天文学家还推算出太阳比月球离地球更远，以及太阳是三者当中最大的，只是他们对太阳究竟远了多少、大了多少还不甚了了。这些学者中甚至还有人提出可能是地球在绕着太阳转。他们当中最著名的一位是阿利斯塔克（Aristarchus of Samos）。当时的人们普遍认为这个说法匪夷所思，所以还是信守以地球为宇宙中心的观念。

以地球为中心的宇宙到底在怎样运行，要理解清楚可不容易。最让人头疼的事情之一，就是游星（指五颗行为异样的星星）的运动该怎么解释。其他星星都遵循固定不变的星图每晚准时转过夜空，它们却在四处游走，速度时快时慢，还会出现在星图的不同天区，有时甚至不见了。它们为全世界的天文学家所熟悉，在世界各地有不同的名字。在古罗马，它们的名字是墨丘利（Mercurius，水星）、维纳斯（Venus，金星）、玛尔斯（Mars，火星）、朱庇特（Jupiter，木星）和萨图恩（Saturnus，土星）。

对这个难题最好的解答，或者至少是欧洲和伊斯兰世界的天文学家们信守了千百年的解答，来自公元前 2 世纪生活在埃及的希腊天文学家克罗狄斯·托勒密（Claudius Ptolemy）。根据他的理论，所有天体都固定在一层一层透明的天球层上，这些天球层围绕地球转动，小球层在里面转，大球层在外面转。不同天体附着在不同天球层上，而且有些天球的转速会变化。

当时天文学家的主要职责之一，就是推算游星将来的运动状态。按照托勒密的理论就能推算得相当不错，所以虽然很多人都能看出这个理论存在问题，他们还是愿意沿用下去。整件事情错综复杂，天上的一切如何运行，理解起来困难重重。是什么让这些透明的天球层围着我们转？为什么有些天球的转速会变？它们又是怎样支撑着日月星辰的呢？

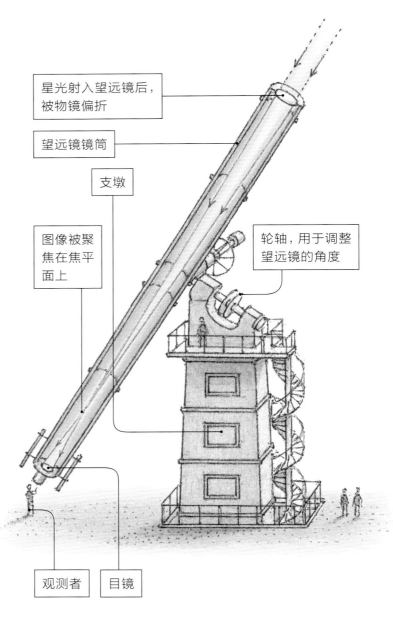

星光射入望远镜后，被物镜偏折

望远镜镜筒

支墩

图像被聚焦在焦平面上

轮轴，用于调整望远镜的角度

观测者

目镜

叶凯士天文台的折射式望远镜建于 1897 年，物镜口径为 101.6 厘米，比伽利略·伽利雷（Galileo Galilei）所用的望远镜大得多，但工作方式是一脉相承的。

后来到了 1543 年，波兰学者尼古拉·哥白尼（Nicolaus Copernicus）出版了一本书①，书中论述月球的确围绕地球运转，而地球和游星——正如古希腊学者阿利斯塔克很久以前就提出的那样——其实是绕着太阳转的。不仅如此，地球约 24 小时还绕自己的中轴线自转一圈，这就能理解为什么星星和太阳看起来约 24 小时就在天上旋转一周了，游星（人们对其有所认识后改称行星）的奇怪运行方式也可以解释了。

当时一些天文学家非常信服哥白尼的观点，但其他人仍有疑虑。因为视力极佳的观测员们精确记录的行星运动，与哥白尼理论的计算结果并不完全吻合（哥白尼以为行星的公转轨道是圆形，其实是椭圆）。于是人们更乐于沿袭旧的理论，也就是官方的正统观念。更何况在那个年代，观念跟官方不一致，在大多数地方都不是什么好事。②

幸亏此后不久，天文学史上最重大的发明就问世了，不然这种状况还要持续很久。此前千百年来，人们早已知道，透过一块用曲面玻璃或透明的水晶制成的透镜，物体看上去会变得不同。一块凸透镜，也就是中间厚边缘薄的透镜，可以做放大镜，使近前的物体看起来更大；而一块凹透镜，也就是中心比边缘薄的透镜，则让远处的物体看上去更清晰。17 世纪早期，荷兰的镜片工匠发现，如果把一块凸透镜放在镜筒的一端，把凹透镜放在另一端，再从凹透镜那边望过去，远处的物体看上去既大得多又清晰得多。望远镜就这样问世了。

这项发明的消息迅速传遍了欧洲。1609 年 6 月，消息传到了意大利数学家和发明家伽利略的耳朵里，他立刻着手自制望远镜，没过多久就做好了一台。跟裸眼眺望相比，这台望远镜能使远处的物体看起来有原来的 33 倍大。凭着自己的新发明，伽利略看到了天空中从未有人见过的事物。他发现木星周围环绕着很小的星星，发现太阳上有黑点，还发现金星的形状会像月相一样变化：从月牙

形变成半圆形又变成圆形，周而复始。

这些新发现全都与旧的宇宙观格格不入。如果宇宙万物都绕地球运行，怎么会有星星绕着木星转？再者说，实在只有认为金星绕着太阳而不是地球转，才能解释它的形状在那样变化。这一切都说明一件事：哥白尼才是对的。可话说回来，这当中还是有问题：如果大地在动，就很难理解为什么那些恒星看起来在天上的相对位置不变；而且许多人认为，厚重的大地竟然在空中飞驰，简直是天方夜谭。

① 编者注：指哥白尼的《天体运行论》，据说直到哥白尼去世那一天，他才收到出版商寄来的样书。

② 编者注：中世纪欧洲很多国家都是政教合一，日心说破坏了以地球为中心的神学观点，被教会反对。

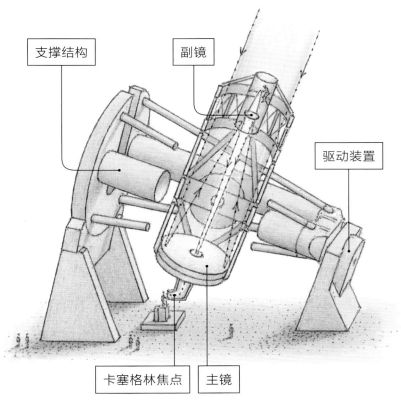

帕洛玛天文台的海尔望远镜（建于 1948 年）是一台典型的反射式望远镜，它用一对曲面镜作为放大装置。光线照射进来，从巨大的主镜反射到副镜，再被副镜反射回来，穿过主镜上的小孔，聚焦在一个称为卡塞格林焦点的小点上，放大后的天体图像就在这里呈现。

这一切全靠镜子

这里是智利高高的安第斯山，山顶专门为建造望远镜而整理成了平地。4台巨型反射式望远镜都用当地马普切语中的天空特征来命名。每台望远镜自身都是功能强大的观测仪器，4台望远镜还能联合起来，组成一种更为强大的观测仪器，称作干涉仪。

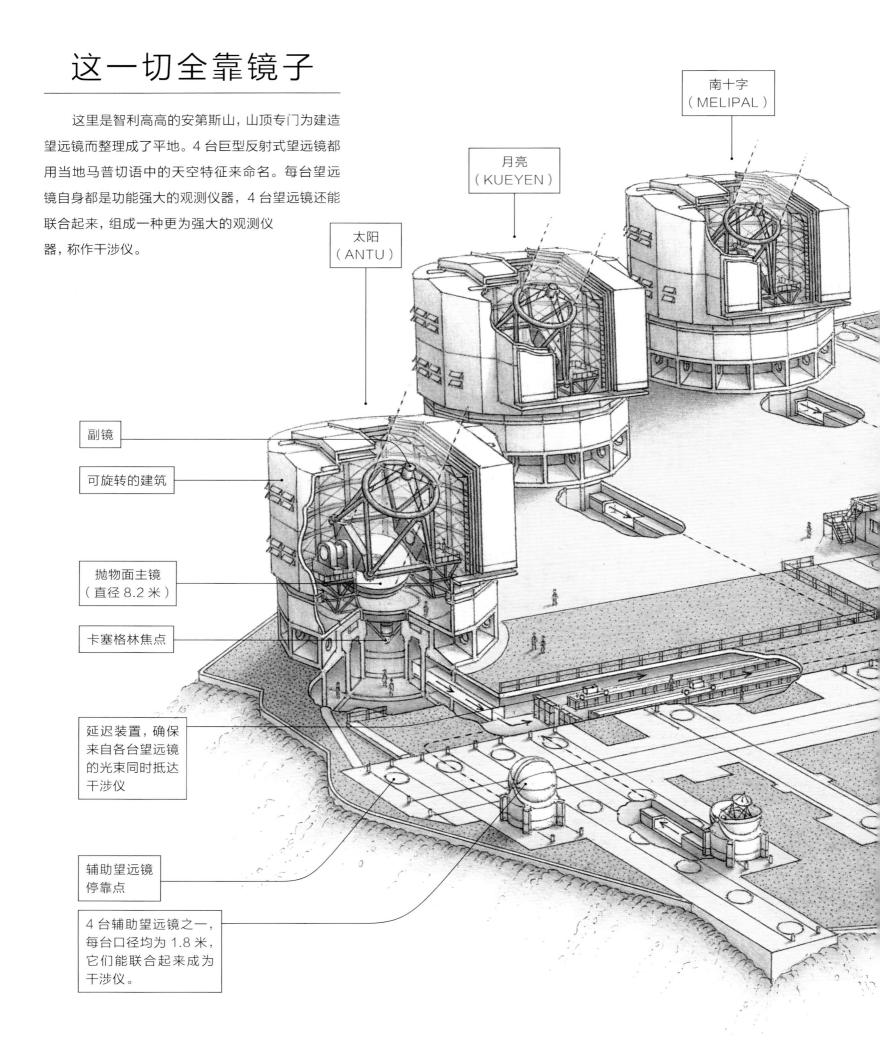

南十字
（MELIPAL）

月亮
（KUEYEN）

太阳
（ANTU）

副镜

可旋转的建筑

抛物面主镜
（直径 8.2 米）

卡塞格林焦点

延迟装置，确保来自各台望远镜的光束同时抵达干涉仪

辅助望远镜停靠点

4台辅助望远镜之一，每台口径均为 1.8 米，它们能联合起来成为干涉仪。

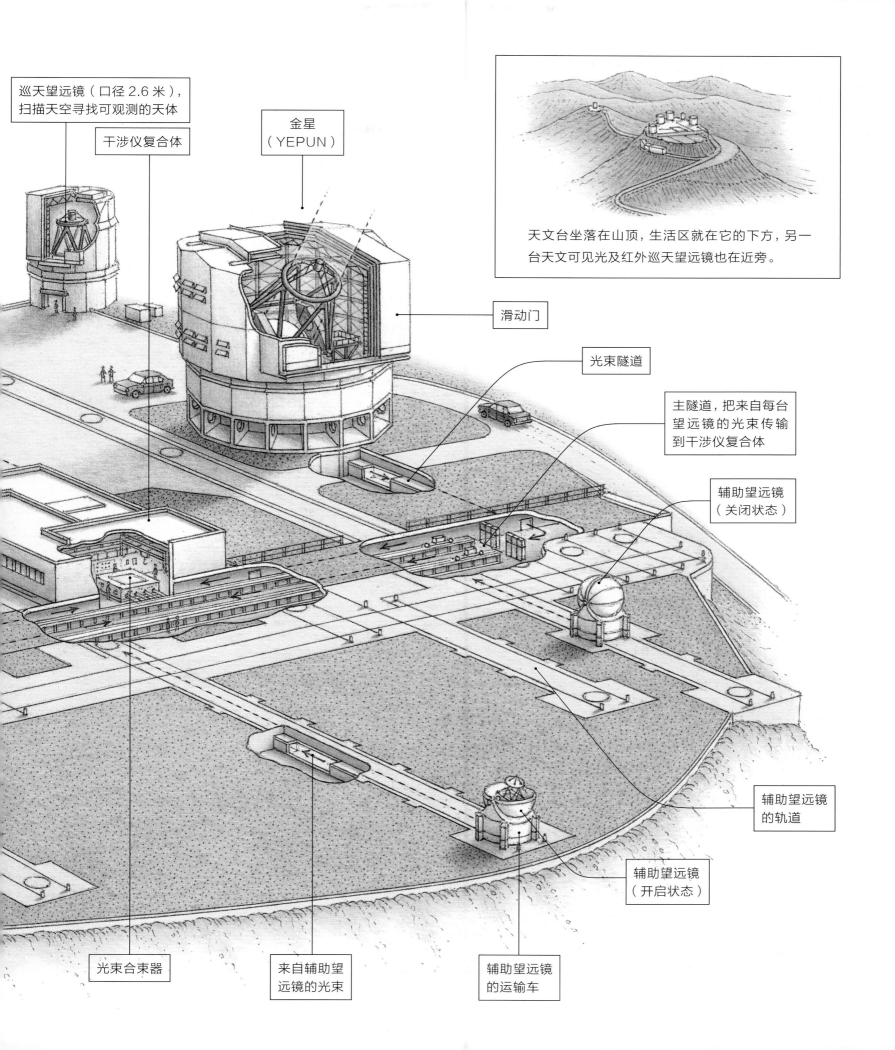

巡天望远镜（口径2.6米），扫描天空寻找可观测的天体

干涉仪复合体

金星（YEPUN）

天文台坐落在山顶，生活区就在它的下方，另一台天文可见光及红外巡天望远镜也在近旁。

滑动门

光束隧道

主隧道，把来自每台望远镜的光束传输到干涉仪复合体

辅助望远镜（关闭状态）

辅助望远镜的轨道

辅助望远镜（开启状态）

光束合束器

来自辅助望远镜的光束

辅助望远镜的运输车

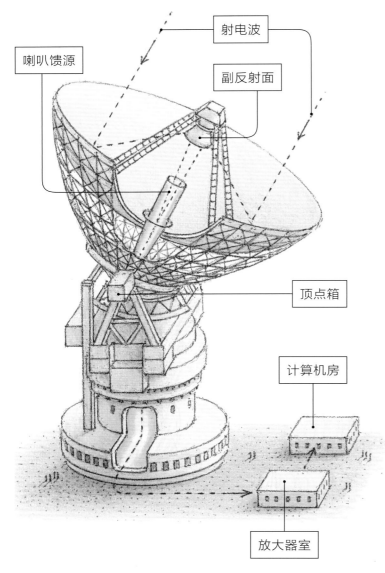

此后的许多年，工程师和镜片工匠们设计制造了更强大、更高精度的折射式和反射式望远镜，夜空中此前看不见的大量未知暗弱天体被大量发现，已知天体的无数细节也得以一探究竟。1781 年，威廉·赫舍尔（William Herschel）用自己设计的反射式望远镜发现，有个以前被当作暗星的小东西，其实是一颗行星（他一开始还以为是一颗彗星），这颗行星后来被命名为天王星。天文学家在细致地观测了天王星的运行轨迹后，推断出它附近一定还存在另一颗行星。由此，海王星于 1846 年得以发现。

折射式望远镜被天文学家们一直用到很晚的年代。不过当今几乎所有光学天文望远镜都已经是各种各样的反射式望远镜了，因为反射式望远镜造价更低，建造起来也更容易。现在望远镜的队伍里还有各种探测其他类型辐射的设备，尤其是射电、X 射线和微波的探测设备。射电望远镜技术肇始于 20 世纪 30 年代，当时人们（偶然）发现，就像反射镜和透镜能接收光波那样，金属天线同样能从太空接收射电波。由此再向前迈上一小步，射电望远镜就发明问世了。

叶夫帕托里亚 RT-70 射电望远镜（建于 1978 年），其工作方式与反射式光学望远镜相同，只是不用可见光，而是用射电波。先用放大器把射电波放大，再用计算机进行分析。

　　虽然像罗马天主教会之类的强权机构仍然反对哥白尼的观念，他的学说却逐渐被越来越多的欧洲人所接受。天文学成了时髦学科，用望远镜一窥天象也成了时尚。一开始，人们用的都是伽利略制作的那种玻璃透镜组装成的折射式望远镜。到了 1668 年，英国科学家艾萨克·牛顿（Isaac Newton）认识到曲面镜具有跟玻璃透镜一样的功能，于是用反射镜代替透镜，制成了第一台全新类型的反射式望远镜。

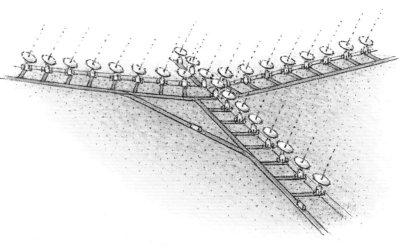

位于美国新墨西哥州索科罗的甚大阵（建成于 1980 年），由排成 Y 形阵列的 27 架碟形天线组成，运行起来如同一整台巨大的射电望远镜。

射电望远镜的身躯比光学望远镜要庞大得多。在波多黎各的阿雷西沃市就有一架300米直径的碟形天线，这样的庞然大物在现代射电望远镜"阵列"面前，仍是小巫见大巫。射电天文学问世不久，人们就发现，如果将很多台小天线散布在一片场地上，它们所接收的信号可以整合起来，仿佛组成了一台巨型望远镜，每台天线都是后者的一部分。起初，组成阵列的天线都放在同一片场地上，但随着计算机性能越来越强大，现在远距离瞬间发送信息比从前容易实现得多，也就有可能把这些天线彼此间摆放得越来越远了。当今的一些射电望远镜阵列，已经实实在在地成了洲际阵列。

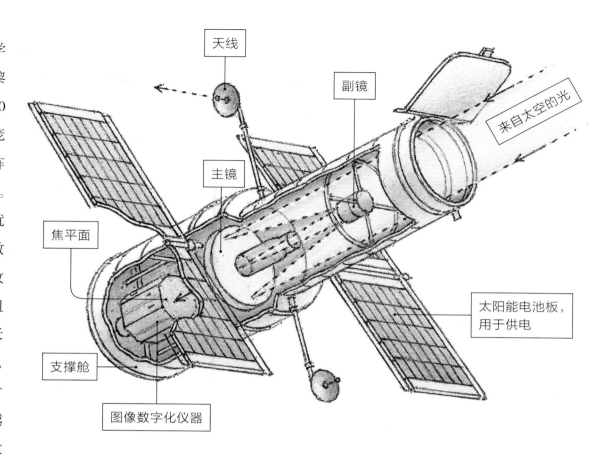

天线

副镜

来自太空的光

主镜

焦平面

太阳能电池板，用于供电

支撑舱

图像数字化仪器

1990 年发射升空的哈勃空间望远镜，是一台绕地运行的反射式望远镜。这些年来，它已将数十万张图像传回地球，其中包括宇宙中最遥远的一些天体的超清照片。

这种用来整合不同接收机所收到信息的方法，叫作干涉技术。人们现在将同样的方法用在了光学望远镜上，只是要在小得多的尺度上操作。有些望远镜因此而拥有了惊人的性能，比如欧洲南方天文台的甚大望远镜就是如此；坐落在智利帕拉纳尔的它，看来会具备把月亮上一辆小汽车的两盏前灯分辨开的本领。

不过，无论多么尖端的光学望远镜，它们的精度总是受到限制，原因在于地球的大气层（包裹着地球这颗行星的气体）。大气的存在极其重要，它让我们能呼吸，离开了它我们无法生存；可对天文学家来说大气却相当棘手。来自宇宙空间的光要到达地面上的望远镜就不得不穿过大气层，但这会导致光线晃动，从望远镜里看到的成像就有点儿模糊。天文学家们已经想到了一些巧妙的办法来克服这些困难，比如启用干涉技术等手段，但它们所能做的毕竟有限。

为了尽可能获得清晰的成像，需要把望远镜（更准确地说是光学望远镜）放在大气层外面（大气层不以这种方式干扰射电波）。地面上空数百千米高处的绕地飞行轨道，就是我们已经安放了望远镜的地方。

当然，在我们开始将望远镜送上太空之前，必须先学会怎样飞到那里才行……

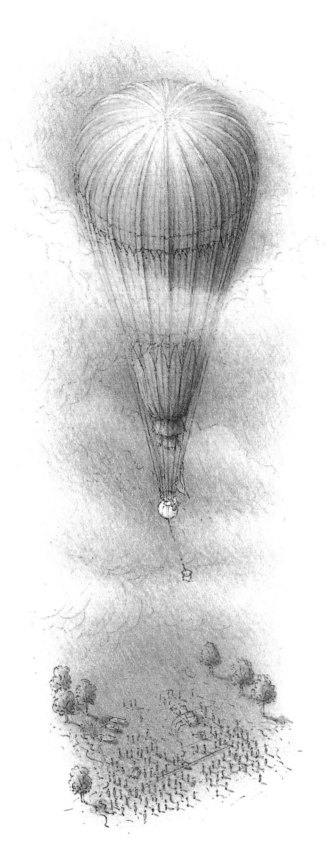

1931年，奥古斯特·皮卡尔（Auguste Piccard）的气球攀升到接近 16 千米的高度，创下了当时的世界纪录，但这离触及太空还任重而道远。

飞上太空

天文学家是引领我们理解太空的领路人，而亲自飞上太空的，是一些更富冒险精神的人物。自从人类开始讲故事的年代起，就有故事提到了会飞的或试飞过的人，我们也不清楚这些古老的传说是否全然荒诞不经。559 年，据说有个叫元黄头的中国囚犯奉命乘着巨大的风筝从塔楼上跳下，他真的从邺城城墙上空毫发无伤地飘过去了吗？还有 1010 年，据说英国马姆斯伯里修道院有个僧侣埃尔默，他用一双自制的翅膀从马姆斯伯里修道院塔楼起飞，在空中滑行了 200 米后惊慌失措地坠落地面，把两条腿都摔断了，这件事又是真的吗？我们不可能确切知道了。

好在近代的飞行史留下了更可靠的记载。它起始于 18 世纪 80 年代的法国，当时的发明家们开始使用充了氢气或热空气、大到足以载人离地升空的气球。不久以后，这种气球就能攀升到好几千米的高空了，也能长途飞行了。但是没什么人认真想过气球能用来探索太空，那仍然只是写在故事里的事。不过有些这样的故事鼓舞了真正迎来太空时代的那代人，其中最著名的就是儒勒·凡尔纳（Jules Verne）于 1865 年出版的小说《从地球到月球》。小说里的人们在美国佛罗里达州地上的大洞里造了一门巨炮，然后把载着 3 个人的太空舱当作炮弹，朝月球开了火。

1　　2　　3　　4

准备起飞

20 世纪 50 年代以来飞往太空的火箭，尽管形态各异，却都基于同一种相似的多级设计方案：满载燃料的火箭单元随着燃料用尽而逐一被废弃。此前的火箭只有单级发动机，它只是些实验性的火箭原型或导弹。

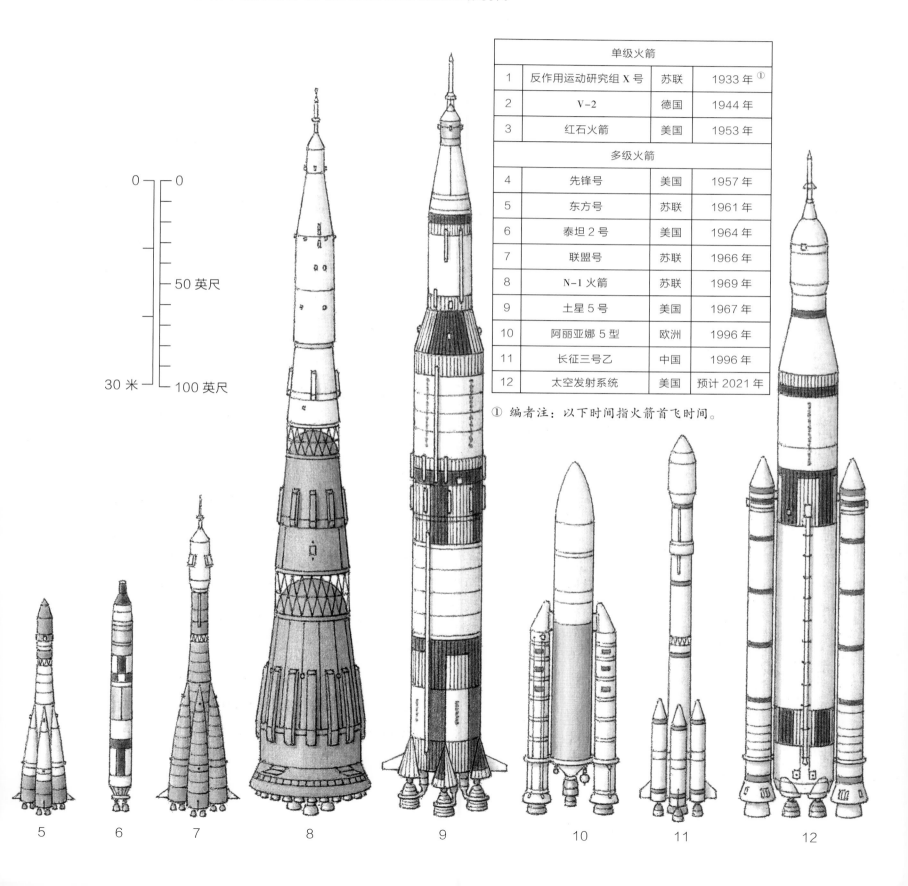

单级火箭			
1	反作用运动研究组 X 号	苏联	1933 年 ①
2	V-2	德国	1944 年
3	红石火箭	美国	1953 年
多级火箭			
4	先锋号	美国	1957 年
5	东方号	苏联	1961 年
6	泰坦 2 号	美国	1964 年
7	联盟号	苏联	1966 年
8	N-1 火箭	苏联	1969 年
9	土星 5 号	美国	1967 年
10	阿丽亚娜 5 型	欧洲	1996 年
11	长征三号乙	中国	1996 年
12	太空发射系统	美国	预计 2021 年

① 编者注：以下时间指火箭首飞时间。

0
0
50 英尺
30 米 — 100 英尺

5   6   7   8   9   10   11   12

大火箭离不开高建筑

土星 5 号迄今仍是人们发射过的最高和最强有力的火箭。它主体的三级是在不同地方建造的（两级在加利福尼亚州，一级在新奥尔良市），组装则是在佛罗里达州肯尼迪航天中心的垂直装配大楼（现在改叫航天器装配大楼）中完成的。这幢 160 米高的大楼至今仍是世界最高的单层建筑，高度足够让云在楼内形成。

垂直装配大楼以及近旁的发射塔

高棚 2 区

高棚 1 区

高棚 4 区

高棚 3 区

伸缩门

4. 起重机将它移到高棚 1 区，火箭的第一级和第二级已在那里等候

高棚区

3. 由一台 175 吨重的起重机吊进转送通道，运到高棚区

低棚区

办公室和车间

1. 火箭的第三级从加利福尼亚州送达，由挂车运进低棚区

2. 在查证区接受细致的检查和测试

5. 组装好的火箭从伸缩门离开大楼，由履带车运到 5.6 千米外的发射场

其实，用大炮把人发射到太空去是不可能的，但凡尔纳的思路是对的，俄罗斯一位名叫康斯坦丁·齐奥尔科夫斯基（Konstantin Tsiolkovsky）的高中数学教师在他1903年发表的论文《用火箭装置探索外太空》中指出了这一点。齐奥尔科夫斯基在文中提议，实现太空飞行不能靠大炮，而应该靠一种工作原理与大炮相似的东西——火箭。

人们对枪炮和火箭已经不陌生了，二者都基于中国人发明的火药（或者叫黑火药，风筝也是中国人发明的）。火药燃烧时会迅速释放出大量气体，这个过程发生在一个狭小空间时，就会产生巨大的压力。如果这个狭小空间是枪炮的弹膛，还有一根装着子弹的枪管或是装着炮弹的炮筒从弹膛里连出来，气体的压力就会把子弹或炮弹沿枪管或炮筒猛推出来，就像从豆子玩具枪里把豆子吹出来那样。倘若点燃火药的地方是火箭的燃料舱，燃料舱一端有个洞或者喷管，气体就会从那里猛冲出来，推动火箭朝相反方向运动。很多人会觉得这不好理解，其实原理是牛顿（反射式望远镜的发明人）在1687年提出的一组运动定律①。你可以试试看，站在一块滑板上或者穿上一双轮滑鞋，朝某个方向扔一个球，你会马上朝着跟球相反的方向滑去。球就像是喷出的气体，而你就是那枚火箭。

枪炮与火箭之间有个很显著也很重要的区别。在枪炮里，子弹或炮弹被射出去前，火药燃烧所产生气体的所有力量都用于给子弹或炮弹加速；一旦子弹或炮弹离开了枪管或炮筒，这时如果有其他力试图让它停下来，气体就再也不能提供任何力量帮它继续前进了。对要飞离地球冲上太空的子弹、炮弹或其他任何东西而言，有两个非常重要的力在试图阻止它：一个是要把物体向下拉回地面的地球重力，一个是要使在空气中运动的物体减速的地球大气阻力。

火箭是自己携带燃料的，在连续飞行过程中，燃料能持续燃烧提供动力，帮助火箭同时克服重力和空气阻力。

（所以这其实更像你拿着一袋的球站在滑板上，并且不停地向外扔球，这时你的滑板就会一直朝相反方向滑去。）

齐奥尔科夫斯基在论文中对这些都做了解说。他还算出了一枚火箭需要多少燃料才能升上太空；具体需要多少得看火箭多重，但无论如何肯定多得吓人。他还提议，液体燃料可能会比火药之类的固体燃料更好，因为在相同重量下，液体燃料能产生更大的推力。

最初，齐奥尔科夫斯基的论文在俄罗斯以外就没什么人知道了，但世界其他地方的人们也在沿着相同的思路思考，这些人常常也是被凡尔纳的小说激发了热情。好几个国家都涌现出了研究和推广火箭飞行的团体，人们开始制造和试飞实验性的小火箭，这是齐奥尔科夫斯基未尝一试的。他们当中有一个美国人，名叫罗伯特·戈达德（Robert Goddard），他跟很多火箭先驱一样，发现要让别人拿他的想法当回事很困难，尤其政府部门和名牌大学更是如此。他几乎是在孤军奋战，常常资金匮乏。1926年，他成功发射了世界上第一枚使用液体燃料的火箭，火箭尾部是一种特殊形状的喷管，称为拉瓦尔喷管。他这第一枚火箭虽然只腾空飞了几米而已，却让他知道了有哪些事是可以做到的。跟齐奥尔科夫斯基一样，戈达德也认为，飞向太空之路终归还是要靠多级火箭②。多级火箭带有好几个燃料舱，每个燃料舱在燃料用尽时都会脱离火箭，这就能始终保持火箭的自重尽可能轻一些。

最早认真对待火箭科学的国家是苏联（1922—1991）。1931年，苏联政府组建了反作用运动研究组（缩写为GIRD），由科学家谢尔盖·科罗廖夫（Sergei Korolev）领导。稍后，另一国政府也于同一年代对火箭产生了兴趣，就是纳粹德国。不过在那里，火箭不是被当成太空旅行的

① 编者注：此处主要是指牛顿第三运动定律，即作用力与反作用力定律。

② 编者注：由两枚或两枚以上火箭串联而成的运载火箭。

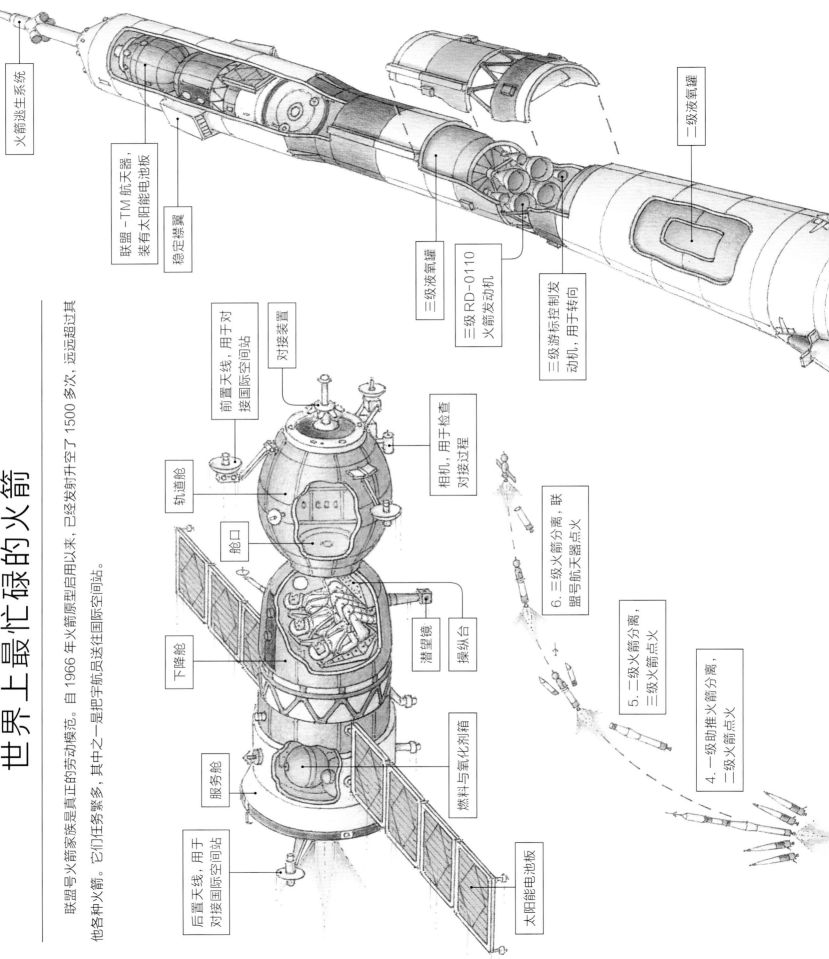

世界上最忙碌的火箭

联盟号火箭家族是真正的劳动模范。自1966年火箭原型启用以来,已经发射升空了1500多次,远远超过其他各种火箭。它们任务繁多,其中之一是把宇航员送往国际空间站。

火箭逃生系统

联盟-TM航天器,装有太阳能电池板

稳定襟翼

二级液氧罐

三级液氧罐

三级RD-0110火箭发动机

三级游标控制发动机,用于转向

前置天线,用于对接国际空间站

对接装置

相机,用于检查对接过程

轨道舱

舱口

下降舱

潜望镜

操纵台

服务舱

燃料与氧化剂箱

后置天线,用于对接国际空间站

太阳能电池板

6. 三级火箭分离,联盟号航天器点火

5. 二级火箭分离,三级火箭点火

4. 一级助推火箭分离,二级火箭点火

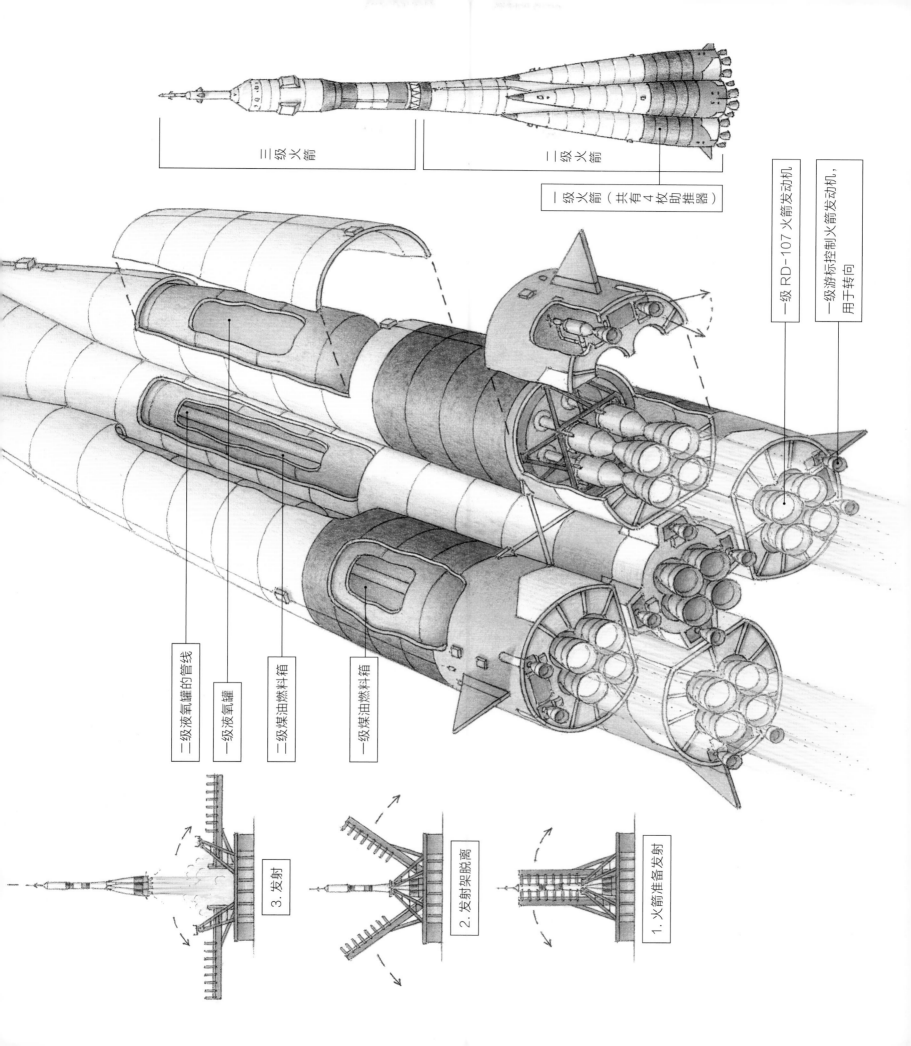

三级火箭

二级火箭

一级火箭（共有4枚助推器）

一级 RD-107 火箭发动机

一级游标控制火箭发动机，用于转向

二级液氧罐的管线

一级液氧罐

二级煤油燃料箱

一级煤油燃料箱

3. 发射

2. 发射架脱离

1. 火箭准备发射

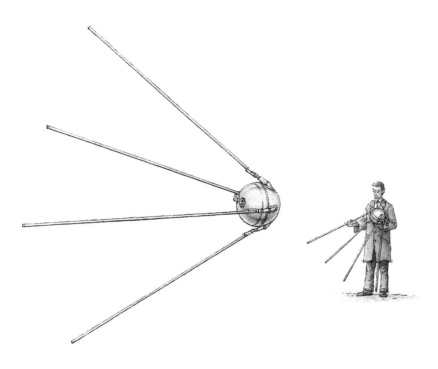

世界上第一颗人造卫星斯普特尼克 1 号，在 1957 年 10 月至 1958 年 1 月期间绕地球飞行了约 1440 圈。

工具，而是用作远程武器。

　　1939 年，第二次世界大战爆发，纳粹政府加快了火箭研究的步伐。在科学家沃纳·冯·布劳恩（Wernher von Braun）的带领下，他的团队通过役使劳工，造出了 V-2 火箭（也叫 A4 或"聚合"4 号），这种装有爆炸弹头的导弹被用到了战场上。它的飞行时速超过 5000 千米，飞行高度可达 100 千米，因而成了首次进入宇宙空间（现今宇宙空间的概念是从地表上空 100 千米起算）的人造物体。

　　1945 年二战结束时，美国和苏联都争先恐后地要把德国的火箭机密和火箭科学家抢到手。两国在战争期间曾是盟友，战后却迅速成了对手，彼此之间疑虑深重。后来称为冷战的时期来了，火箭科学家们又被送去研发更大、更强劲的火箭导弹。美国安排冯·布劳恩带领团队，把 V-2 火箭升级成了红石火箭；苏联那边，火箭工程师们在科罗廖夫的领导下，集中精力搞自己的设计，研制出了 R 系列火箭。

　　两国的科学家们虽然大都是在为军事武器系统服务，却一直抱有别的想法，认为火箭可以用于空间探索和

其他和平目的。20 世纪 50 年代，实现想法的时机来了。1957 年 7 月 1 日至 1958 年 12 月 31 日被定为国际地球物理年（虽然事实上为期 1 年半），世界各地的科学家展开合作，探讨地球和大气层的相关科学议题。1955 年，苏联和美国就宣布将于国际地球物理年分别发射 1 颗人造卫星，作为对国际地球物理年各自所作贡献的一部分。真正的太空竞赛（不算导弹方面）拉开了帷幕。

　　结果，胜出的一方是苏联。1957 年 10 月 4 日，一枚经过改造的 R-7 火箭发射升空，发射场位于现在哈萨克斯坦境内秋拉塔姆的一个苏联导弹基地。火箭上装载的不是弹头，而是一颗人造卫星，一个直径 58 厘米、重约 84 千克的亮闪闪的圆球。这颗被命名为斯普特尼克 1 号的人造卫星没有装多少东西，只有 1 对简单的传感器和 1 个短波无线电发送器，但它却轰动了全世界。卫星绕地球飞了 3 个月，飞行时速为 2.9 万千米，每 96 分钟飞完一周。无线电发送器中的电池维持了 22 天，在此期间，即便是业余无线电操作员都能接收到它"嘀嘀嘀"的信号。

　　而美国那边，许多人被败给苏联的恐慌情绪笼罩着，发射美国人造卫星的计划在拼命向前推进。1957 年 12 月 6 日，美国的首次尝试在火箭升空几秒后就失败了，但翌年 1 月末他们就迎来了成功，从红石火箭衍生出的朱诺 1 号火箭将探险者 1 号人造卫星送入了轨道。

　　大家都关心的下一个重大目标是把人送上太空，美国和苏联都着手于此。两国此前都在试验用火箭运载各种动物上天，但其中大部分动物都死掉了。到了 1961 年 4 月 12 日，苏联再次抢在了美国前面，震惊了世界：他们的宇航员尤里·加加林（Yuri Gagarin）乘坐东方 1 号航天器绕地球在轨飞行了完整一圈，用时 108 分钟。3 个星期后，美国人艾伦·谢泼德（Alan Shepard）成了第二个飞上太空的人，不过他只飞了 15 分钟，没有绕地球飞完一圈。

美国一直被甩在后面，他们的政治家越来越难找到辩解的说辞了。1962年，约翰·肯尼迪（John F. Kennedy）总统说服了政府给美国空间计划又增加了一大笔投入。同年9月，他在得克萨斯州休斯敦发表演讲时说"我们选择去月球"，并承诺1970年之前送宇航员登上月球。

苏联没有公开说什么，但他们也开始规划载人登月了。此后的几年中，两国都在载人航天飞行方面进步卓越，但也遭遇了许多挫折和一些惨痛的事故。

起初苏联一路领先，但1966年科罗廖夫去世，给苏联的航天计划带来沉重打击。等到1968年，美国显然已经反超了。这一年12月，美国的航天器阿波罗8号载着3名宇航员绕月球飞行后成功返回，这是人类第一次飞离近地轨道。接下来是阿波罗9号和10号的两次实验性航天飞行。1969年7月16日，阿波罗11号载着3名宇航员发射升空，他们分别是巴兹·奥尔德林（Buzz Aldrin）、尼尔·阿姆斯特朗（Neil Armstrong）和迈克尔·柯林斯（Michael Collins）。他们从地球出发4天、飞行了40万千米、又绕月球飞了13圈后，鹰号登月舱从哥伦比亚指令舱分离并开始下降，两个半小时后安全降落在一个被称为静海的地方。又过了六个半小时，登月舱的舱门打开，阿姆斯特朗出现了（登月舱里太挤了）。他沿着一架9级的梯子爬了下来，踏上了月球的表面。肯尼迪总统的承诺兑现了。

发射升空：一架土星5号火箭腾空而起，载着阿波罗11号航天器飞往月球。

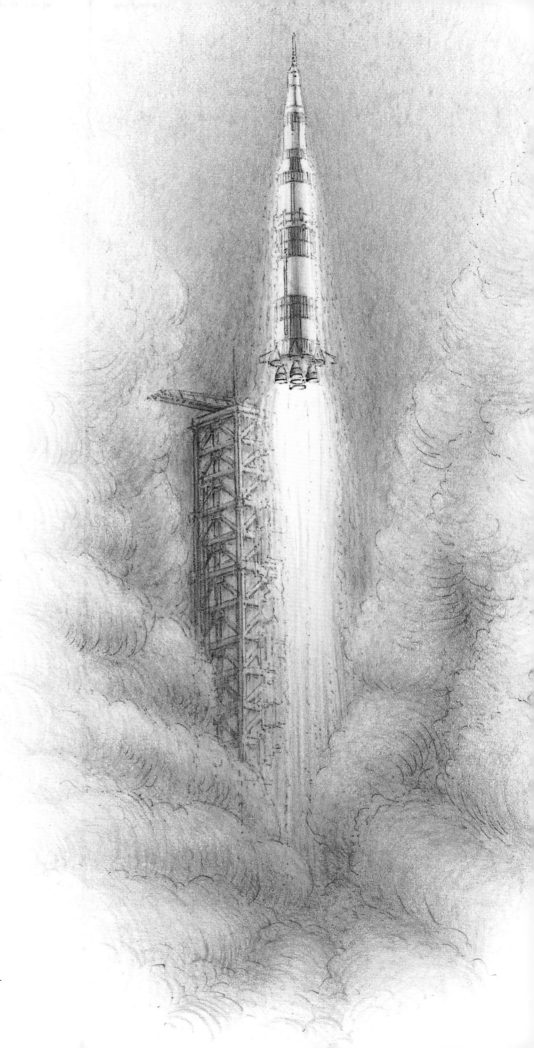

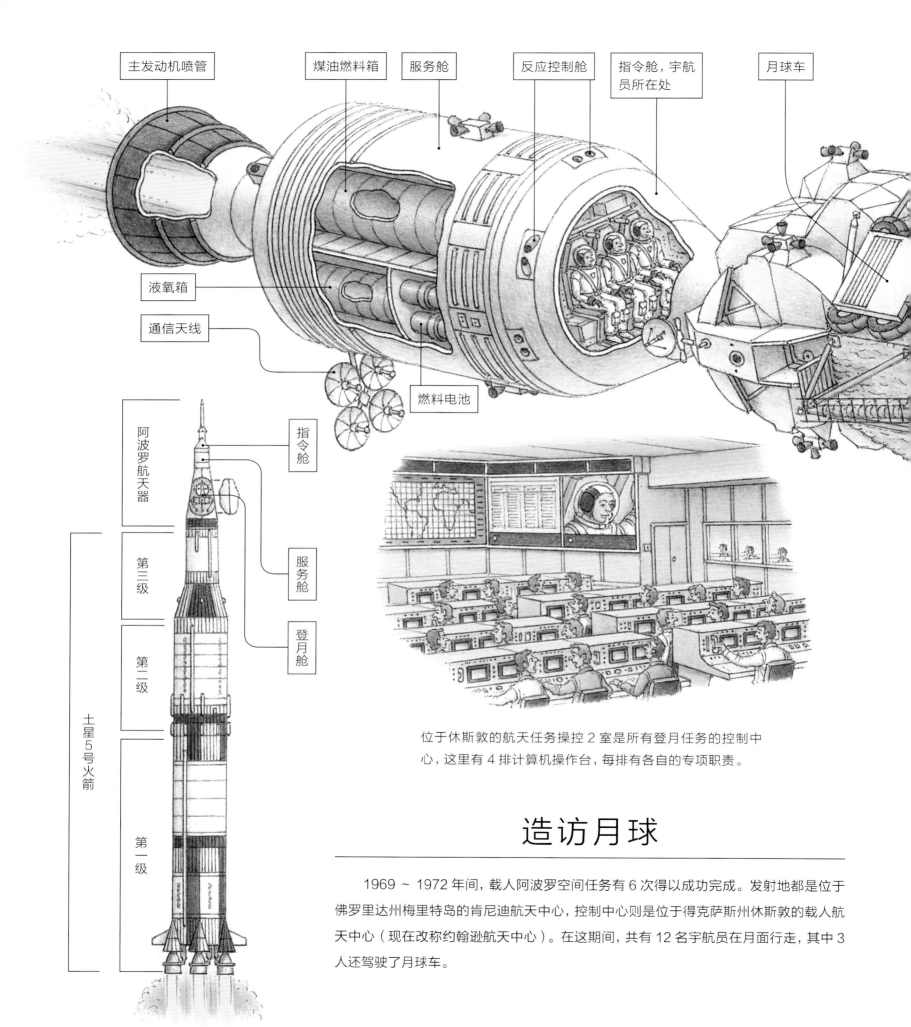

主发动机喷管

煤油燃料箱

服务舱

反应控制舱

指令舱，宇航员所在处

月球车

液氧箱

通信天线

燃料电池

阿波罗航天器

指令舱

第三级

服务舱

第二级

登月舱

土星5号火箭

第一级

位于休斯敦的航天任务操控 2 室是所有登月任务的控制中心，这里有 4 排计算机操作台，每排有各自的专项职责。

造访月球

1969 ~ 1972 年间，载人阿波罗空间任务有 6 次得以成功完成。发射地都是位于佛罗里达州梅里特岛的肯尼迪航天中心，控制中心则是位于得克萨斯州休斯敦的载人航天中心（现在改称约翰逊航天中心）。在这期间，共有 12 名宇航员在月面行走，其中 3 人还驾驶了月球车。

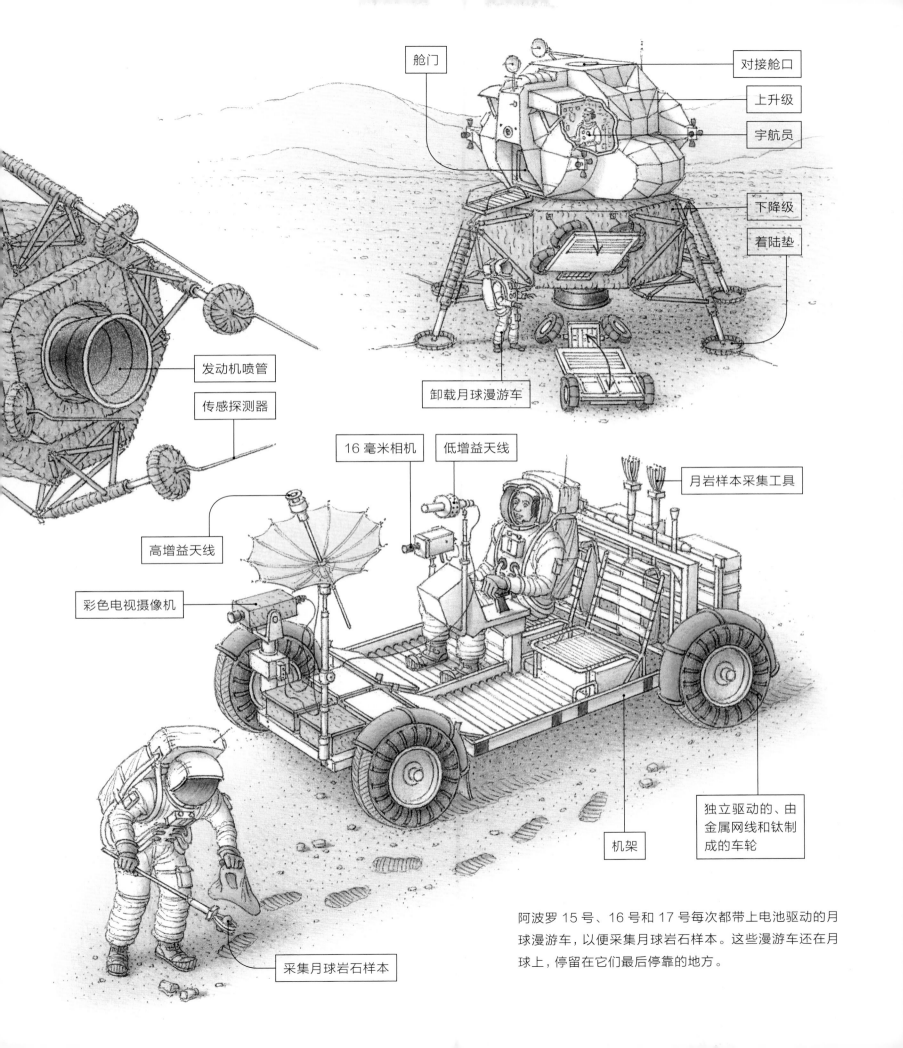

舱门

对接舱口

上升级

宇航员

下降级

着陆垫

发动机喷管

传感探测器

卸载月球漫游车

16 毫米相机

低增益天线

月岩样本采集工具

高增益天线

彩色电视摄像机

机架

独立驱动的、由金属网线和钛制成的车轮

采集月球岩石样本

阿波罗 15 号、16 号和 17 号每次都带上电池驱动的月球漫游车，以便采集月球岩石样本。这些漫游车还在月球上，停留在它们最后停靠的地方。

跟其他航天器一样，航天飞机重返地球大气层时会产生巨大的热量。

重返地球

载人飞上太空是人类一项不可思议的成就，登月就更不用说了；不过，载人安全返回地球也同样了不起。这两件事各有各的困难和危险。起飞的时候，爆炸的风险永远存在。就像齐奥尔科夫斯基论述过的一样，火箭要飞上太空，就不得不携带巨量燃料。它要靠这些燃料产生的能量，克服把它拽回来的地球重力和阻碍它前进的地球大气阻力。要是在火箭航天之旅的早期阶段出点儿什么岔子，很有可能所有燃料都会瞬间付之一炬。

空气阻力不仅会让高速飞行的火箭慢下来，还会加热火箭。火箭速度低于声速（空气中的声速约时速 1200 千米）时，产生热量的主要原因是火箭外表面与空气分子间的摩擦。火箭飞得越快、大气密度越高，摩擦就越剧烈；摩擦越剧烈，火箭也就变得越热。当飞行速度极快时，又会同时出现其他状况：火箭急剧推压紧贴它的空气，把这些空气猛烈加热，产生极高温的激波①，激波又会从火箭表面冲过去，使它远比只跟空气摩擦时炽热得多。

火箭起飞时与空气摩擦生热，需要隔热保护，但此时飞得还不算快，不会产生显著的激波。随着飞行高度攀升，速度也越来越快，同时空气却越来越稀薄，很快就稀薄到了激波和摩擦都不再是大问题的程度。一旦逸出大气层之上，空气阻力消失了，空间飞行器就能以不可思议的高速风驰电掣，完全不会变热了。

对返回地球的飞行器来说，那就是另一回事了。它们几乎总是飞得特别快，时速能达到 3 万千米以上。即使在高层大气那样稀薄的空气里，这么快的速度也足以产生激波了。激波加热造成的高温会把大部分物体直接烧毁（流星就是如此：它们是来自太空的岩石或岩石颗粒，坠入大气层时烧掉了）。

空间飞行器从再入大气层的危险中挺过来之后，还要面临安全降落回到地面的问题。如果任由它下落，最终会达到一个稳定速度，称为最终速度。此后它会以这个速度继续坠落，直到撞上地面。宇宙飞船的最终速度是约时速 300 千米；以这样的速度摔到地上，哪能幸存。

所以，工程师们要把宇航员安全接回地球，就要解决两个问题：怎样防止飞行器再入大气层时烧毁，以及怎样让飞行器慢慢降落，避免它以致命的高速摔下来。

他们为第二个问题找到了一个相当简单直接的解决方法：用降落伞。几个世纪以来，人们都是背着它从高处的气球或者飞机里往下跳的。第一个问题可就难办多了。很长一段时间，火箭设计师们都以为宇宙飞船的形状应该是尖的、呈流线型的，这样再入大气层时不至于热得太离谱。直到 20 世纪 50 年代，两位科学家才意识到，其实恰恰相反，飞行器的前端越钝越好。粗钝的前端会使飞行器迅速慢下来，并在它的近前产生一个气垫，气垫会把热冲击波推离飞行器，飞行器表面就不会像做成尖头时那

么炽热了。

不过即使前端变钝，飞行器还是会相当热的，至少有 1500℃。显然，要让宇航员活下来，飞行器舱内必须保持低得多的温度。航天飞行早期，人们的解决方案是烧蚀防热层，就是用一种在再入大气层过程中会基本被消耗的物质来做航天器的外表层。这种物质在强热环境下会发生化学变化，产生大量气体，这些气体从航天器吹走时就会带走大量热量。烧蚀防热层里面是一层层更常规的隔热材料，用来阻止剩余的热量传入航天器内部。

所有早期宇航员都是这样从太空返航的，今天的宇航员也仍然是这么回来的：蜷缩在一个前端或圆或钝的小小太空舱里，凭借烧蚀防热层的保护，带着降落伞，等到太空舱离地面还有好几千米时就把降落伞打开。即便用了降落伞，太空舱仍然坠落得很快，落地时会剧烈颠簸，里面的人有受伤的危险。为了避免这种状况，美国的太空舱一直以来都在海上降落，用海水充当缓冲垫，所以这种降落方式称为溅落。溅落的收效相当不错，可实在是把接回返航太空乘客的过程搞得很复杂，轮船和侦察机都得纷纷上阵。

俄罗斯的和现今中国的太空舱就不一样了，通常都在陆地上降落。在苏联空间计划的最早期，宇航员其实是在好几千米的高空从太空舱跳伞的；他们用个人降落伞安全落地，任由太空舱"嘭"的一声重重砸在地上，再蹦上两蹦。如今的方式，是使用固定在太空舱上的一组小型制动火箭，它们会在落地前最后一秒点火，在着陆过程的最后瞬间刹车减速，这样一来，应该顶多只剩轻轻颠一下了。

经过反复试验和测试，这种飞上太空再返航的方式可谓相当成功了，但问题是浪费巨大，造价高昂。每一枚火箭、每一架航天器都是一次性的。唯一完整回到地球的部

① 编者注：飞行器在空中作跨声速或超声速飞行时，或超声速气流受到阻滞时形成的极薄空气层。

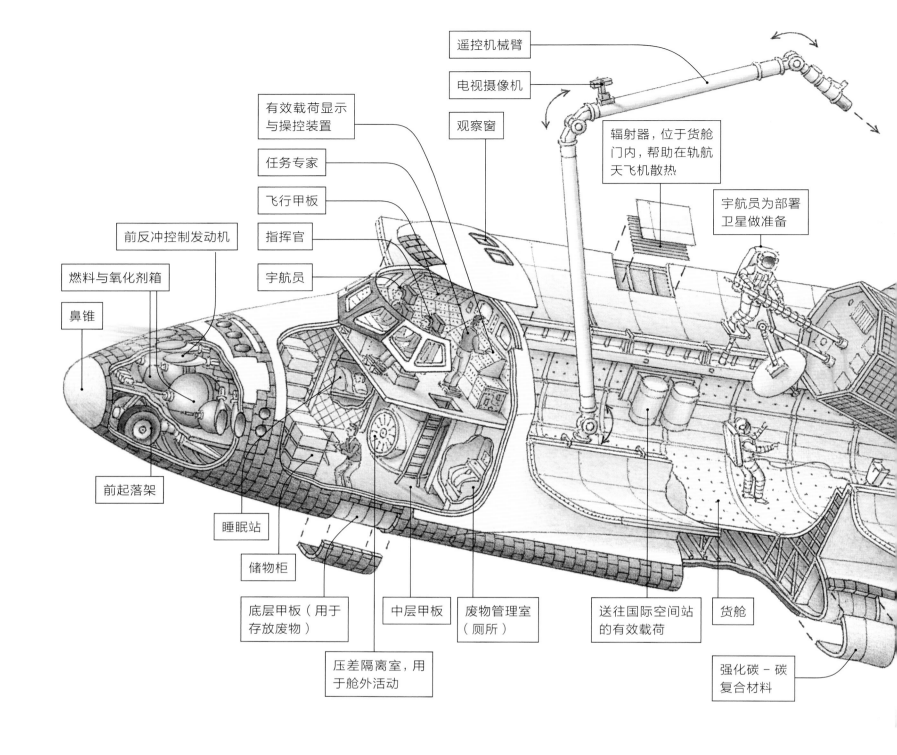

遥控机械臂

电视摄像机

有效载荷显示与操控装置

观察窗

任务专家

辐射器,位于货舱门内,帮助在轨航天飞机散热

飞行甲板

指挥官

前反冲控制发动机

宇航员

宇航员为部署卫星做准备

燃料与氧化剂箱

鼻锥

前起落架

睡眠站

储物柜

底层甲板(用于存放废物)

中层甲板

废物管理室(厕所)

压差隔离室,用于舱外活动

送往国际空间站的有效载荷

货舱

强化碳－碳复合材料

太空中的飞机

　　航天飞机是像火箭一样起飞,却像普通飞机一样在跑道上降落的空间飞行器。它们往返地球和国际空间站,运载人员和物资;发射空间探测器和人造卫星;也给在轨卫星执行维修任务。飞往木星的伽利略号探测器和绘出金星表面地图的麦哲伦号探测器都是它们的运载对象。哈勃空间望远镜也是由航天飞机运载的,并由航天飞机完成了 5 次维修任务,其中最后一次是在 2009 年。

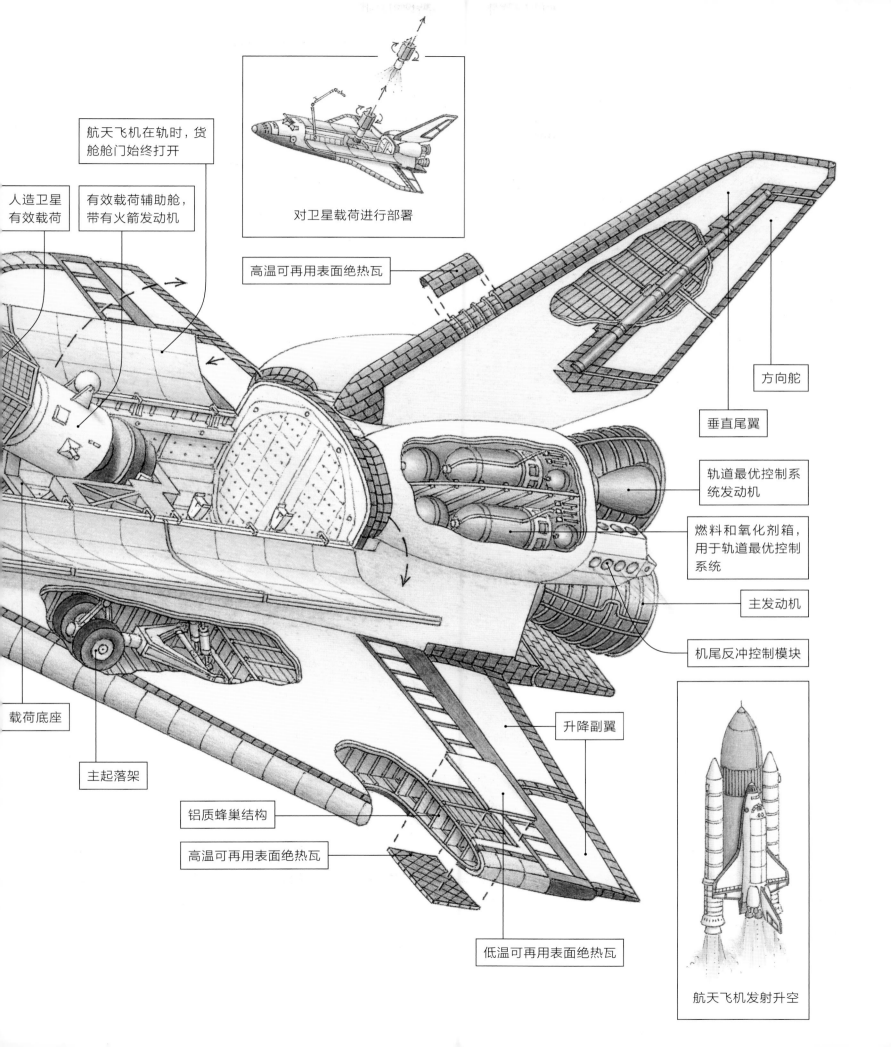

航天飞机在轨时，货舱舱门始终打开

有效载荷辅助舱，带有火箭发动机

人造卫星有效载荷

对卫星载荷进行部署

高温可再用表面绝热瓦

方向舵

垂直尾翼

轨道最优控制系统发动机

燃料和氧化剂箱，用于轨道最优控制系统

主发动机

机尾反冲控制模块

载荷底座

主起落架

升降副翼

铝质蜂巢结构

高温可再用表面绝热瓦

低温可再用表面绝热瓦

航天飞机发射升空

溅落

件就是返回舱，也同样不会再用第二次了。

从最开始，工程师们就想要研制出能使用不止一次的空间飞行器。有个明摆着的解决方案就是造出某种太空飞机，让它跟飞机一样起飞降落，但又能飞上太空。可事实证明，这种飞行器设计难度惊人。20世纪60年代早期，美国在研制一架名叫强力滑翔机的太空飞机，本来进展已经颇为显著，结果由于经费开销过大，美国政府终止了这个项目，决心集中力量转而推进登月计划。

1969年，美国国家航空和宇航局启动了另一项雄心勃勃的计划，开始研发可以重复使用的航天器。这项计划的成果就是1981年发射升空的航天飞机。曾经服役过的5架航天飞机一共执行了135次飞行任务，直到2011年7月，最后一架航天飞机亚特兰蒂斯号才退役。其实航天飞机并不是完全重复使用的，因为它到了高层大气后，长约47米的巨大主燃料舱会被废弃并脱离飞机主体。但航天飞机仍是一项了不起的技术成就。它拥有革新的隔热保护系统；它能一次同时运送7名宇航员和大批货物，载货量比其他任何空间飞行器都大；而且它能像普通飞机一样降落在跑道上。它的主要目标使太空旅行廉价而可靠，这个目标却从未真正实现过。事实证明，航天飞机运行成本极高，比常规的一次性火箭昂贵得多。而且，其中2架航天飞机还遭遇了机毁人亡的可怕事故，事故分别发生在1986年1月挑战者号发射升空时和2003年哥伦比亚号再入大气层时。

航天飞机恐怕就这样退役了，但人们并没有放弃开发可反复使用的空间飞行器的想法，有几种不同的飞行器已经有了提议方案或者已在研发过程中。这些计划大都是私营企业在推动，有的是为发展太空旅游业，有的是为建立月球定居地或载人登上火星这些更长远的雄伟计划奠基铺路。

航天飞机升空的五种方式

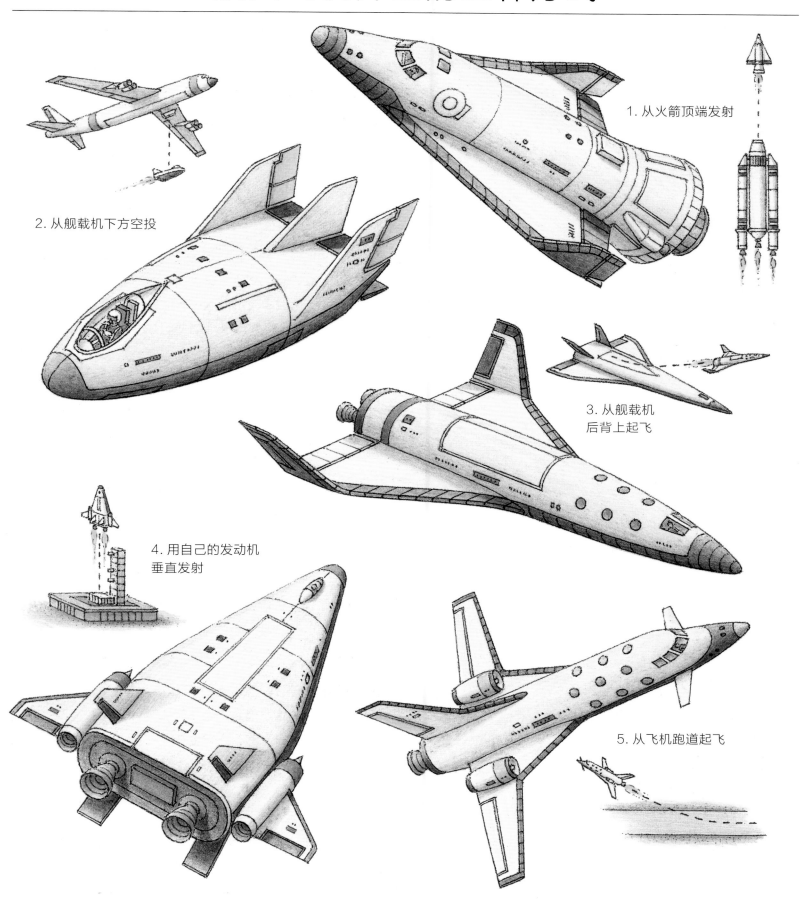

1. 从火箭顶端发射

2. 从舰载机下方空投

3. 从舰载机后背上起飞

4. 用自己的发动机垂直发射

5. 从飞机跑道起飞

宇航员们正在修缮绕地运行的国际空间站。

在太空中生存

在地球上生活，许多事情我们都习以为常。就从重力说起吧。它给了我们重量；如果没什么东西把我们往上拽，它会使我们落下来；它让重的东西比轻的东西更难拎起来，让爬楼梯比走平地更累人。它看不见，却无时无刻不作用在我们身上，也作用于我们身边的一切。

再就是我们呼吸的空气，也就是妨碍火箭飞行，弄得望远镜中成像模模糊糊，惹恼了天文学家的大气层。我们

同样看不见它，对它当然也不以为意，但没有它的话我们很快就会一命呜呼。空气是混合气体，大约1/5是氧气，剩下的几乎都是氮气以及很少量的其他气体（主要是氩气和二氧化碳）。空气里也有水蒸气，云就是水蒸气形成的。像几乎所有其他生物一样，我们也要有氧气才能生存。二氧化碳是我们和其他生物呼吸时产生的气体，大量的二氧化碳对人和动物有害，但植物的生长需要它。氮气

终极装备

每套宇航服耗资达数百万美元,难怪全世界都寥寥无几!

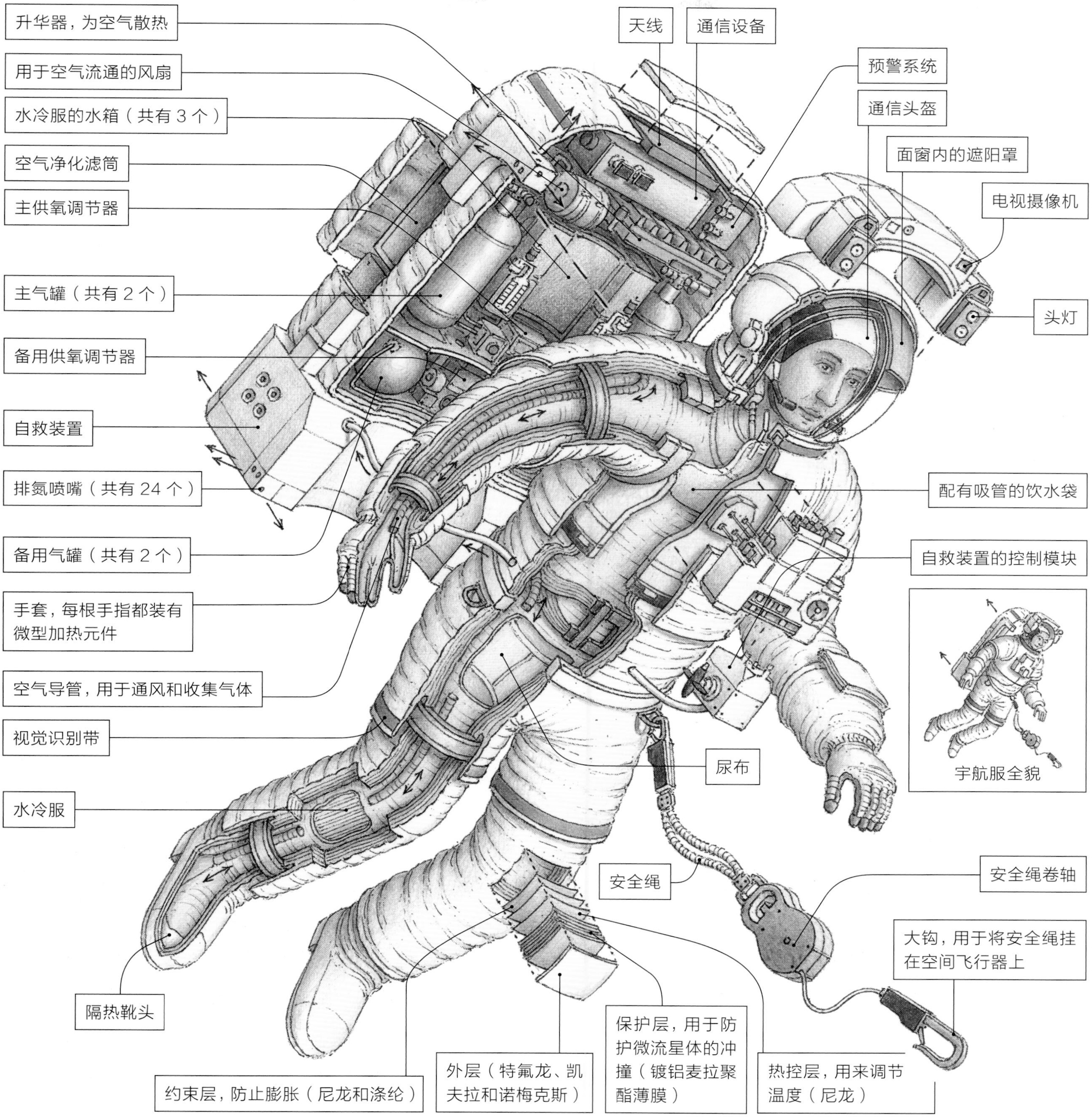

升华器,为空气散热

用于空气流通的风扇

水冷服的水箱(共有3个)

空气净化滤筒

主供氧调节器

主气罐(共有2个)

备用供氧调节器

自救装置

排氮喷嘴(共有24个)

备用气罐(共有2个)

手套,每根手指都装有微型加热元件

空气导管,用于通风和收集气体

视觉识别带

水冷服

隔热靴头

天线

通信设备

预警系统

通信头盔

面窗内的遮阳罩

电视摄像机

头灯

配有吸管的饮水袋

自救装置的控制模块

尿布

安全绳

安全绳卷轴

大钩,用于将安全绳挂在空间飞行器上

宇航服全貌

约束层,防止膨胀(尼龙和涤纶)

外层(特氟龙、凯夫拉和诺梅克斯)

保护层,用于防护微流星体的冲撞(镀铝麦拉聚酯薄膜)

热控层,用来调节温度(尼龙)

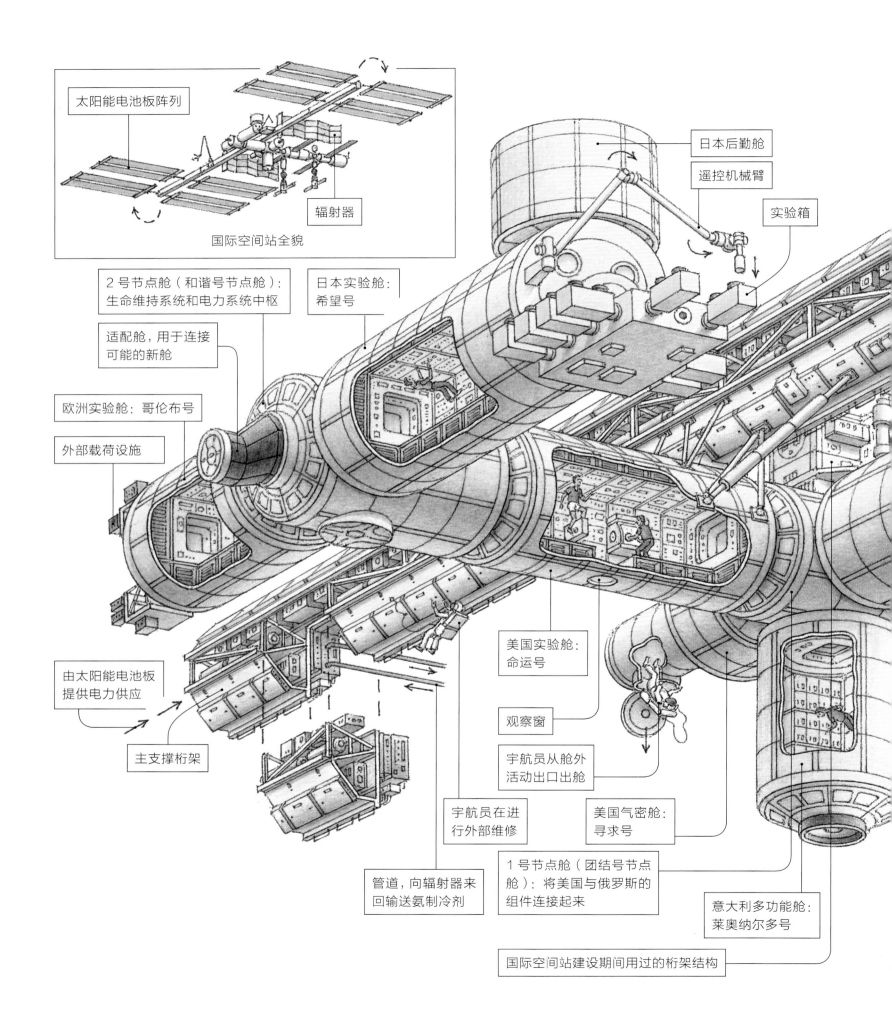

太阳能电池板阵列

辐射器

国际空间站全貌

2 号节点舱（和谐号节点舱）：生命维持系统和电力系统中枢

适配舱，用于连接可能的新舱

欧洲实验舱：哥伦布号

外部载荷设施

由太阳能电池板提供电力供应

主支撑桁架

日本实验舱：希望号

日本后勤舱

遥控机械臂

实验箱

美国实验舱：命运号

观察窗

宇航员从舱外活动出口出舱

宇航员在进行外部维修

管道，向辐射器来回输送氨制冷剂

美国气密舱：寻求号

1 号节点舱（团结号节点舱）：将美国与俄罗斯的组件连接起来

意大利多功能舱：莱奥纳尔多号

国际空间站建设期间用过的桁架结构

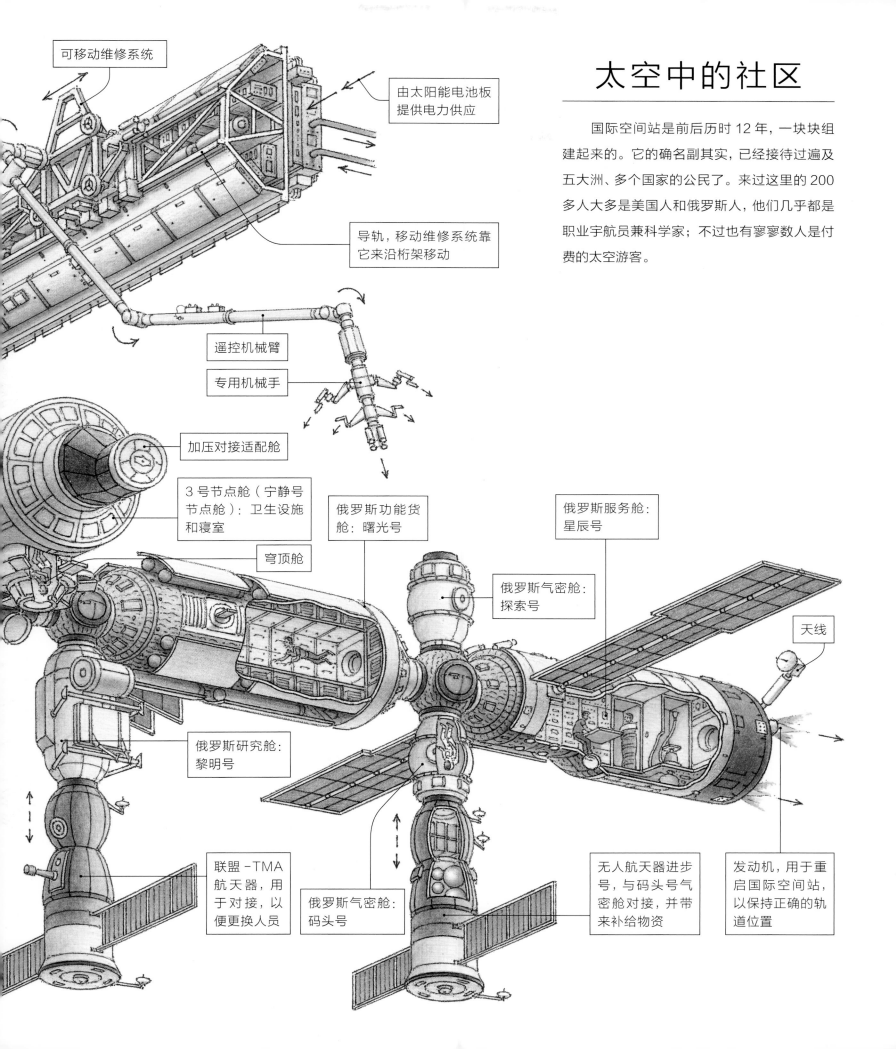

太空中的社区

国际空间站是前后历时 12 年，一块块组建起来的。它的确名副其实，已经接待过遍及五大洲、多个国家的公民了。来过这里的 200 多人大多是美国人和俄罗斯人，他们几乎都是职业宇航员兼科学家；不过也有寥寥数人是付费的太空游客。

可移动维修系统

由太阳能电池板提供电力供应

导轨，移动维修系统靠它来沿桁架移动

遥控机械臂

专用机械手

加压对接适配舱

3 号节点舱（宁静号节点舱）：卫生设施和寝室

穹顶舱

俄罗斯功能货舱：曙光号

俄罗斯服务舱：星辰号

俄罗斯气密舱：探索号

天线

俄罗斯研究舱：黎明号

联盟 -TMA 航天器，用于对接，以便更换人员

俄罗斯气密舱：码头号

无人航天器进步号，与码头号气密舱对接，并带来补给物资

发动机，用于重启国际空间站，以保持正确的轨道位置

和氩气是无毒无害的。

对我们来说，气压或者大气的密度跟它的成分一样至关重要。如果大气太稀薄，我们就不能获得足够的氧气来供应身体运转的需求。海拔高度越高，大气就变得越稀薄。如世界最高峰珠穆朗玛峰的峰顶比海平面高近 9 千米，大气压大约只有海平面的 1/3，在那上面呼吸当然就会相当困难。在更高的地方，就完全没法呼吸了，需要额外的供氧装备才能活下来。当身处约 50 千米的高空时，大气压就只有海平面处的 1/1000 了。更高的地方就非常接近真空了，那里几乎是一无所有，空空如也。

不过那里其实还是有东西的。太阳系里存在被称作等离子体的热粒子，它们来自太阳，形成了太阳风；有极少量的尘埃，可能大部分来自彗星和小行星之间的相互碰撞；还有宇宙射线，它们从宇宙的其他地方而来，穿过太阳系。

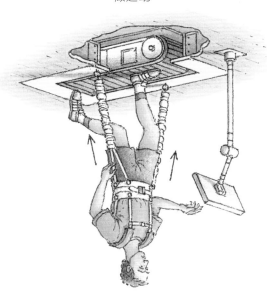

做运动

那里还有光和其他形式的辐射，比如无线电波和 X 射线，它们几乎都来自太阳。这些辐射既产生热又产生光，没有它，地球会是个苦寒之所。地球上的温度又是另一个我们都习以为常的存在。人类其实对自己周围的温度非常挑剔，太热太冷都不行，理想的环境，温度应该是约 20℃。在更热或更冷的地方我们当然也能生存，但是得把自己保护起来才行。要是没有防护措施，温度超过 55℃，我们几分钟内就会丧命；低于 10℃，我们通常也活不过几小时。

在地球上的大部分地方，多数时候的温度对我们而言都还过得去，不算太热也

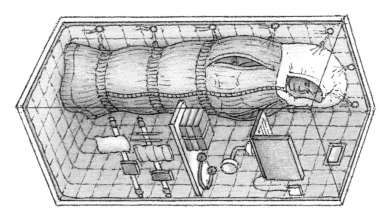

睡觉

不太冷，这背后一个非常重要的原因是日地距离。地球接收到多少来自太阳的辐射，要看日地距离有多远。要是太阳比现在近得多，地球会因受到过多辐射而变得炎热不堪；要是比现在远得多，辐射又太少了，我们会冻成冰疙瘩。

事实上，情况还要更加复杂。太空中还有很多天体与太阳的距离跟日地距离差不多，比如地球的卫星月球。它接收着同样多的辐射，温差却比地球大。在充分的日照下，月球表面有些地方的温度能达 200℃以上；而在太阳照不到的阴影面，温度又能低至零下 200℃。

地球不这样主要是多亏了我们不仅拥有大气层，还拥有海洋、极地

吃饭

上厕所

冰盖和植被。所有这一切以一种我们至今尚未透彻理解的、错综复杂的方式共同发挥作用，把太阳送来的一部分热量反射回宇宙空间，把剩余的部分吸收和贮存起来并分散到全球，让整个地球的温度都保持在合理得多的水平。即便如此，还是有南极洲和沙漠之类的地方，在这些过冷或过热的环境下，只是短暂生存都有难度。

不只是月球上，在太空中的其他地方，环境也比地球上的任何一处都要严苛得多。离开了地球和大气层的宇航员，哪怕只是为了生存片刻，都要靠防护设备来应对高温、低温和真空，还得带上气压适宜、能用来呼吸的空气供应装置。时间稍久一些的话，又得考虑喝水、上厕所、吃饭、

睡觉等其他事情。如果时间更久，那就还要维持身体强健、保持卫生，并且要维护精神健康，防止自己疯掉。

最早的宇航员在太空停留的时间都很短，他们都飞在地面上方几百千米以内的高度，身体始终捆在太空舱里。即便如此，他们也需要太空舱把绝热做到极致，还得有一套可靠的空气系统来提供吸入的氧气、除去呼出的有害二氧化碳气体。

如今，在轨道空间站生活若干星期或若干个月已经司空见惯了，宇航员们对于离开相对安全的航天器、出去进行太空行走也习以为常了。这一切都对他们所用的航天器和装备提出了越来越多的要求。

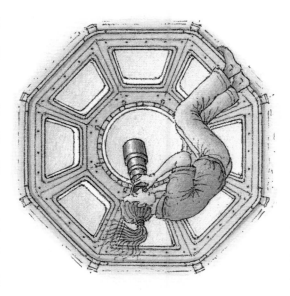

瞭望地球

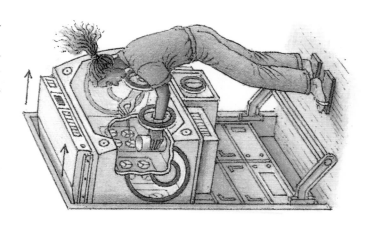

做实验

事实上这也不是太难办，只不过给人提供长期太空生活所需的话，开销会高得可怕。在某种程度上，这就像在南极为潜水艇或军事基地配置装备。可是在太空生活，有一点跟在南极大相径庭：不论在空间站绕地飞行还是飞去月球，宇航员自己和身边的一切几乎都是失重的。无所谓上和下，也就意味着不可能下落，因为无处可落。凡是没有牢牢固定在飞船舱壁上的东西十有八九都会开始到处飘浮，任何飞溅的液体都会悬在半空成为液珠。

这要有个适应的过程。宇航员中大概有一半会受到太空病的困扰，症状跟晕车晕船很相似；好在这种状况只会持续几天，多数宇航员没多久就习惯了不再用脚走路，而是浮在半空四处飘移。不过还有许许多多其他的事情他们必须适应：饮料不能用杯子和罐子喝了，必须拿吸管从塑料袋里吮吸；吃东西也类似，食物

大都是预先制备好的，一般打开包装就可以拿长柄勺直接吃了。食物常常是黏糊糊的，这样就能聚在一起粘在勺子上，不会在宇航员吃进嘴之前飘走。要睡觉时，宇航员会钻进绑在舱壁上的睡袋里；他们本来可以睡在半空，但那样四处乱飘的话说不定会撞上精密设备，或者碰巧把一台重要的电脑给关了。

宇航员洗澡变得很棘手。淋浴不太现实，因为事后很难把水清理掉。何况在太空中，水是非常宝贵的物资，跟其他所有的东西一样，它只能从地球带过去，成本实在高得难以置信（每千克几万元）。宇航员们尽可能少用水，靠湿绒布和湿毛巾来保持清洁。上厕所也和地球上大不一样了，用水冲马桶行不通，而要用一台装有强大风扇的真空泵将排泄物吸进塑料袋。

失重使宇航员们在太空能轻而易举地四处移动，但时间长了就会对身体产生副作用。人体本来是为适应重力环境而生的，肌肉和骨骼不承担重量，很快就开始衰弱退化，后背和双腿尤其如此。为了能减轻这种损害，国际空间站里的宇航员每天都花两个多小时在不同机器上锻炼。可他们往往还是会双腿瘦得皮包骨，脸颊反而浮肿起来。这倒不是肌肉退化的结果，而是上身体液淤积所致。这可就没什么好法子应对了；不过跟其他各种身体变化一样，宇航员回到地球后情况就会很快好转。

然而，不论在太空生活多久，总是会存在一些导致更长期后果的风险。宇宙射线和太阳风能严重破坏人体细胞，癌症的发病率会因此而上升，它们也可能会造成白内障之类的眼疾。在地球上，地核如同一块巨大的磁铁，形成肉眼看不见的地球磁层；我们受到磁层的保护，才远离了这些极为糟糕的致病风险。

在太空中就没有这种保护了。各国政府迄今一直对宇航员在太空停留的总时长做出限制，主因之一就在于此。这样做目前看起来行之有效，宇航员们在各自的航天生涯结束很多年后，大都还健康地生活。即便如此，要是经历一次像奔赴火星那样真正漫长的航天之旅，这些太空旅行家们是否还会同样健康，这可就是个截然不同的问题了。

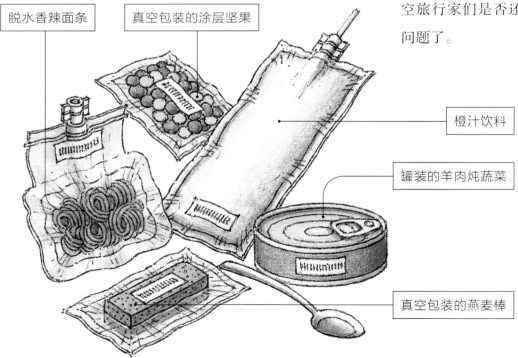

脱水香辣面条

真空包装的涂层坚果

橙汁饮料

罐装的羊肉炖蔬菜

真空包装的燕麦棒

宇航员吃喝所用的一切都有专属包装，否则就会四处乱飘。

2005 年，惠更斯号空间探测器降落在土星最大卫星土卫六（泰坦）的表面。

那里有人吗？

对我们人类而言，太空终究是个相当棘手的地方。那里十分凶险，送人去又耗资巨大。我们一旦去了，就得找个过得去的地方住着，离开这个地方就不得不穿上庞大笨重的太空服，走动和做事情都很吃力。恐怕在那里长期生活对我们的健康也不怎么好。还有就是，平安回家总是个绕不过的难题。

机器可就不一样了。首先，把机器送上太空相对容易，成本也低得多。其次，机器可以在太空无限期停留，只要能源供应跟得上，它就会持续运转下去。再者，它们适应冷热环境比我们强，不需要专门的呼吸装备，不需要针对太空的真空环境进行防护；它们一般也不用返回地球。

于是，用遥控的空间探测器和机器人代替人类去太空就顺理成章了，迄今开展的大部分太阳系探索都是它们做的。经过设计，它们能适应地外环境，能进行观察和测量,有时甚至能在无人的情况下完成实验,再把实验结果传回地球。

这些探测器一直试图帮我们解答的最大问题之一(对很多人而言甚至没有"之一")就是:太阳系其他地方是否还有生命以某种我们能够识别的形式存在?最早期的探测器没有携带什么科学设备,即便如此,生命存活所需要的东西是否有可能存在,它们也能对此提供一些认识。就我们所知,这些东西包括液态水、碳和氮两种化学元素,加上一个能量来源。水要以液态存在,而不是固态的冰或气态的水蒸气,温度通常要跟地球上相去不远。要开始找这些东西,最显然也最容易的地方就是太阳系里最近的邻居们:月球和金星、火星这 2 颗最近的行星。

早在 20 世纪 50 年代,就已经没人真的指望能在月球上找到生命了,因为天文学家能断定月球没有大气层,就算月球表面或许存在过水,也早就蒸发干净了。[①] 相比月球,金星和火星就不同了。在太阳系所有已知的行星里,它们俩跟地球最相似,大小相仿,组成成分看起来差不多。它们离太阳的距离也跟地球差不了多少,火星稍远些,金星稍近些,这意味着它们从太阳接收到的热量跟地球半斤八两,进而说明它们的温度可能也差不多。

开启空间探索的最初几年,人们的注意力大都在金星上,因为它离我们比火星要近不少。天文学家试图直接从地球上研究这颗行星,结果却大失所望。因为把望远镜对准金星时竟然辨别不出任何特征,比如山脉和陨石坑统统见不到,而月球、火星甚至水星都可以。最简单的解释就是,金星被厚厚的云层盖住了。既然金星比我们离太阳更近,人们就想象那里或许都是湿热的丛林,就像地球的热带地区那样,只不过更加炎热而已,而且说不定还住着金星人。20 世纪 50 年代后期,天文学的发展已经开始让这种猜测受到了质疑。科学家通过在微波波段工作的新型望远镜发现,金星表面的温度远远高于能让液态水存

在的范围,所以有人居住的可能性很低,但还不能完全断定。也许派一艘配上温度传感器的空间探测器去看看,就能一劳永逸地给出答案了吧?

说金星离地球近,只是相比其他行星而言,其实并没有那么近。它最靠近地球时也有约 4000 万千米,比月球到地球的距离远一百多倍。所以,1961 年苏联试图首次送一艘探测飞船去那里时遭遇了失败,也就不难理解了。不过成功来得也不晚,美国在 1962 年 8 月发射的飞船水手 2 号,同年 12 月从这颗行星近旁 3.5 万千米以内掠过,接着一头扎进了绕日轨道。它的传感器数据证实,金星表面的确太热了,温度超过 400℃,不会有生命存在的。

此后的金星之旅全都在确认这颗行星是个多么严酷的地方。金星不仅表面热得不可思议,它那层二氧化碳加硫酸的有毒混合大气也十分浓厚,金星表面的大气压快达到地球大气压的 100 倍了(就是这浓厚的大气层把太阳的热量困在里面,让这颗行星热到了这种地步)。这些状况,在发射最早那些登陆金星的探测器时还没有人意识到,结果那些探测器还没落地就全被压坏了。后来的探测器做得更结实,其中有几架登陆成功了;可在这么可怕的环境里,没有 1 架能坚持过几小时的。近年来,像欧洲航天局的金星快车之类的探测任务都在安全距离绕金星飞行,它们收集了大量关于金星大气层的有趣信息,发现原来那里是个风暴肆虐的世界,频频电闪雷鸣,刮着时速 300 千米的狂风。

跟探测金星时一样,最早试图把航天器送到火星近旁的努力全都以失败告终。第一架成功的探测器是美国的水手 4 号,它离开地球飞了 7 个月后,于 1965 年 7 月来到了离火星表面 1 万千米以内的地方。人们对它能找到明显生命迹象所寄予的希望很快就破灭了。它的传感器

① 编者注:2020 年 10 月 26 日美国国家航空和宇航局发布公告称在月球表面发现了水。

在离地球超过 10 亿千米的地方，空间探测器卡西尼号从土卫二的南极掠过。
土卫二是土星最神秘的卫星之一，也是太阳系中可能存在外星生命的地方之一。

显示，这颗行星的表面是个干燥而寒冷的不毛之地，那里的大气由二氧化碳组成，比地球大气稀薄 100 倍。

虽说火星上的日间温度有时能达到 20℃ 以上，可它的大气不能用于地球生物呼吸，所以还是很不适合居住。不过相比于造出能在金星上运转的机器，造出能应付火星环境的机器还是容易多了，结果火星就成了行星际探索的主要目的地。飞往火星的航天任务至今已执行 40 多次了，还有一些已经提上日程。人们遭遇过无数次失败，也取得了辉煌的成就，比如美国国家航空和宇航局的 5 架火星车都成功着陆了，距今最近的一次是 2018 年的洞察号。

这些探测器和其他探测设备不断带来的新发现可谓精彩纷呈。它们找到的证据表明，火星曾经比现在更潮湿、更温暖。它们还发现火星地下仍然存在大量的水，而且有明显迹象显示，这些水有时会出现在火星表面并存留较长的时间，留下了从斜坡和沟壑流淌过的痕迹。按理说，在火星稀薄的大气中，水应该冻成固态或者迅速蒸发掉才对，所以，这究竟是怎样发生的，一直都是个谜。

科学家们相信，现在答案已经找到了。他们认为，火星上的水跟一种叫作高氯酸盐的化学物质结合成盐水溶液，和纯水相比，它能在低得多的温度下保持液态。这些盐水溶液可能始终都潜藏在火星地下，在寒冷的夜间渗透到地表，然后白天暖和起来的时候蒸发掉。这些盐水溶液本身温度太低，应该不能孕育地球上的这种生命。也有可能水是深埋在火星地下的，以一种更温暖的不同形式存在，目前还不清楚。这就是说，我们不能断言火星上没有生命，不过如果有的话，几乎肯定是深藏在地下的，找

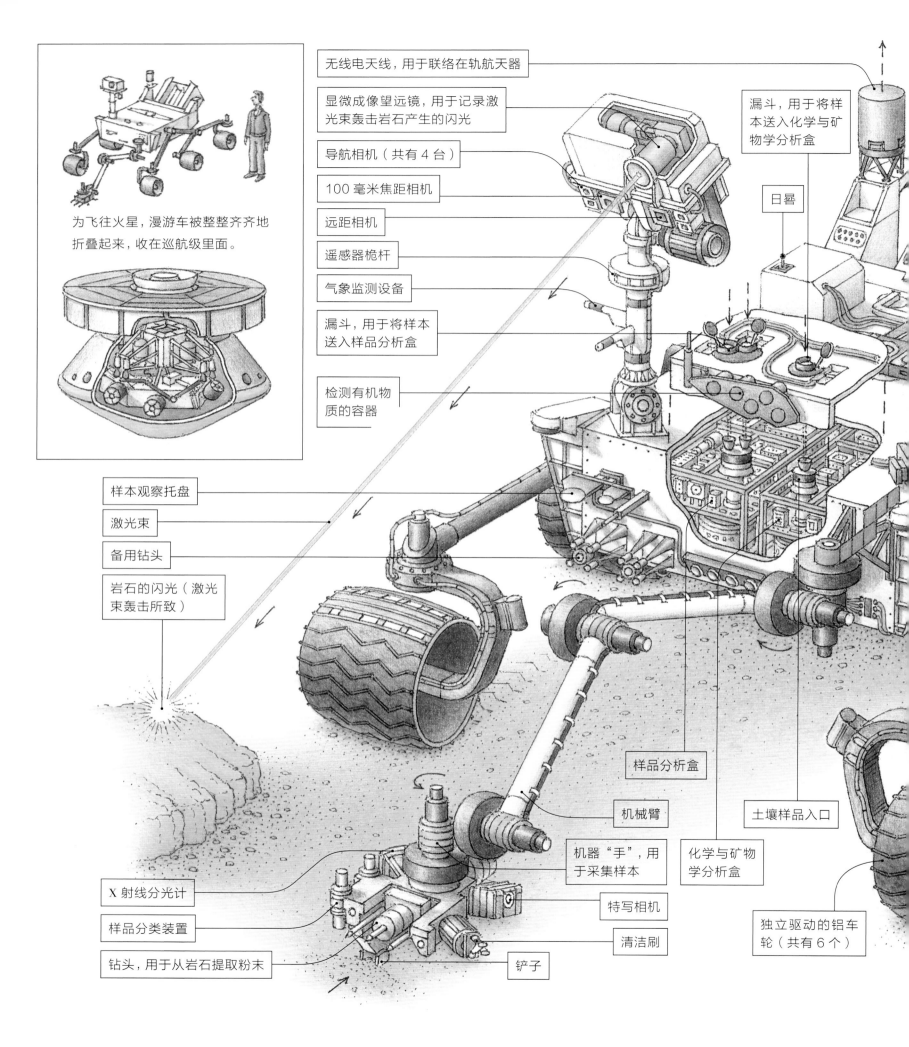

为飞往火星，漫游车被整整齐齐地折叠起来，收在巡航级里面。

无线电天线，用于联络在轨航天器

显微成像望远镜，用于记录激光束轰击岩石产生的闪光

漏斗，用于将样本送入化学与矿物学分析盒

导航相机（共有 4 台）

100 毫米焦距相机

远距相机

遥感器桅杆

气象监测设备

日晷

漏斗，用于将样本送入样品分析盒

检测有机物质的容器

样本观察托盘

激光束

备用钻头

岩石的闪光（激光束轰击所致）

样品分析盒

机械臂

土壤样品入口

X 射线分光计

机器"手"，用于采集样本

化学与矿物学分析盒

样品分类装置

特写相机

独立驱动的铝车轮（共有 6 个）

钻头，用于从岩石提取粉末

清洁刷

铲子

火星上的探测车

好奇号火星车看上去像花哨的沙滩车,但它其实是迄今最为精密复杂的机械装置之一。它是个移动的实验室、气象站、相机和通信中心,能分析火星岩石和土壤样本,并把结果发回数百万千米外的地球。它带来的发现已经颠覆了我们对这个寒冷荒芜的邻居的认识。

发电机散热片

二氧化钚发电机

无线电天线,用于与地球保持联络

避险相机,协助探测车避开危险

中子探测器,用于寻找火星地下的冰和水

辐射探测器

钛弹簧,用来减震

沙地上的车辙(可通过相机判断距离)

1. 航天器进入火星大气层时,巡航级分离

2. 超声速降落伞打开

3. 隔热罩与后壳分离

4. 下降利用反推火箭,实现受控下降

后壳

隔热罩

6. 剪断绳索后,下降级飞离并坠毁

5. 着陆!好奇号的车轮迅速到位

绳索

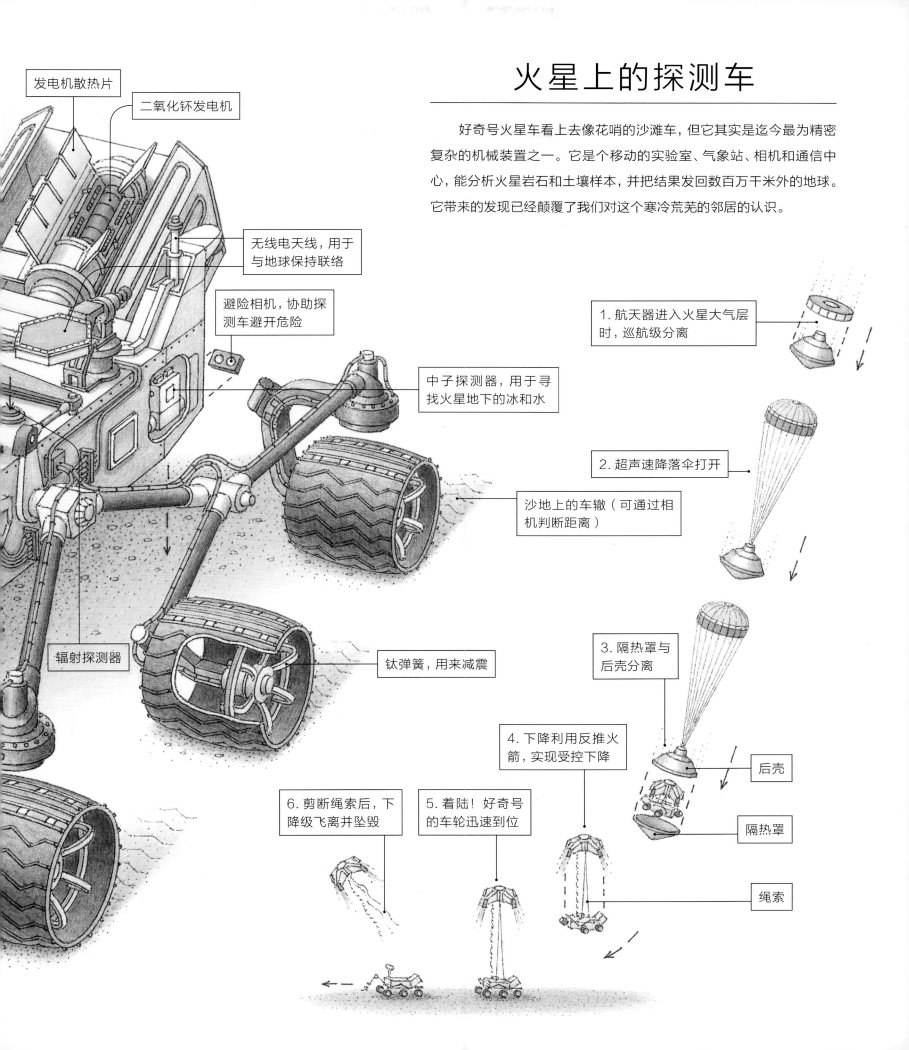

到它们会相当困难。

那么太阳系别的地方怎么样呢？离太阳最近的微型行星水星，像我们的月球一样没有大气层，看起来它的表面要么热得吓人、要么冷得可怕，几乎没有中间状态。木星、土星、天王星和海王星这些太阳系外层的巨行星们倒是有大气层，但大气的主要成分是氢气和氦气；它们内部深处的状况如何我们不太清楚，但我们确定，那里一定也跟地球有天壤之别。

这些行星肯定不算是有望发现生命的地方，但它们有大量的卫星，其中一部分值得一探究竟。虽然有的卫星可以从地球上用望远镜观测，人们对它们仍然知之甚少，直到空间探测器开始飞到这么远的地方去探测，这种状况才得以改观。这些探测器，先是20世纪70年代早期的先驱者10号、11号，接着是旅行者号们，还有后来发射于1997年的卡西尼－惠更斯号。它们带来的发现都让地球的人们兴致勃勃，兴奋不已。

土星的卫星土卫六是被研究得最透彻的卫星之一。它是整个太阳系卫星中的第二大天然卫星，比水星这颗行星还大。了不起的是，2005年惠更斯号探测器在土卫六表面登陆了，还在电力耗尽之前的90分钟里持续传回了土卫六的照片和其他信息。土卫六距离地球超过10亿千米，的确了不起。

惠更斯号传回的照片展现了土卫六是一个怎样的陌生世界。它的表面极其寒冷，约有零下200℃。它是太阳系里唯一覆盖着厚厚大气层的天然卫星，大气里主要是氮气（像地球一样）。在太阳系里，它也是除地球外唯一已知表面有大量液体的地方。不过这次的液体不是水，而是烃，就是碳和氢的化合物，尤以甲烷和乙烷为多。土卫六上也有水，但至少在它的表面上，水都冻成了岩石般的冰块。不过也有些理论认为，它的地下深处可能存在一个过冷的泥泞海洋，海洋由水和化学物质氨混合而成，就跟

我们认为火星上存在高氯酸盐水溶液的情形差不多。

看来对任何类地生命来说，土卫六都太过寒冷，无法生存。但有些科学家提议，那里可能存在用液态甲烷代替水的生命形式。想法固然天马行空，却并非全无可能。

太阳的热量朝太阳系外围传了这么远已经所剩无几了，土星和木星的所有其他卫星也都像土卫六那样，个个表面冷得要命，更远的天王星和海王星也就不用提了。空间探测器显示，那里大都尽是些大块头的岩石，或者冻得结结实实的冰块，所到之处莫不如此。不过有些地方明显不是这样，其中可能最吸引人的是土卫二（恩赛勒达斯），它跟土卫六一样，也是土星的卫星。

土卫二是个"小东西"，直径只有约500千米。2004年卡西尼－惠更斯号来访前，它并没怎么引人注意。惠更斯号与卡西尼号分离时，前者一去不回地奔向土卫六，后者则进入了环绕土星飞行的轨道。此后卡西尼号就一直这样飞行，获取了关于这颗行星的光环、风暴肆虐的大气层以及天然卫星们的海量信息。它掠过土卫二很多次，在最早的照片上，它就拍到了这颗卫星南极有涌出蒸汽的巨大痕迹；后来发现，这些痕迹是热泉造成的，这些热泉在以每秒250千克的速度喷水。卡西尼号的传感器显示，这颗卫星的南极地区比北极温暖得多；而且几乎可以断定，南极冰层下面有个液态水形成的咸海，水蒸气就来自那里。传感器还在蒸汽中发现了碳基化学物质。还没有谁能解释明白为什么这颗卫星的南极这么温暖，按理说很久以前那里就应该冻成固态了才对。

要说表面以下有可能存在海洋水的天然卫星，土卫二并不是唯一的一颗，木星的卫星木卫三（该尼墨得斯，太阳系最大的卫星）、木卫二（欧罗巴）和木卫四（卡利斯忒）这3颗卫星也是。不过，土卫二是目前证据最强的一颗；就我们已经探测过的所有地方来看，那里也是科学家们认为存在某种形式外星生命的可能性最大的地方。

空间探测器

用来探索太阳系的空间探测器可谓五花八门，每一架都是为各自的使命而精心设计的。

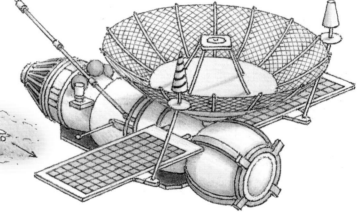

先驱者 10 号是第一架飞临木星的探测器，它在完成 21 个月的航程之后，于 1973 年掠过这颗太阳系最大的行星，拍下了精彩的特写照片。

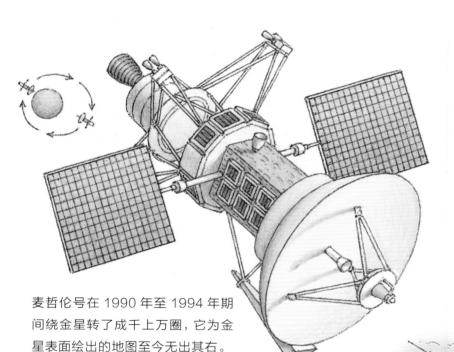

麦哲伦号在 1990 年至 1994 年期间绕金星转了成千上万圈，它为金星表面绘出的地图至今无出其右。

金星 4 号于 1967 年成功穿过金星炎热浓厚的大气层，在停止运转前的 93 分钟里传回了宝贵的数据资料。

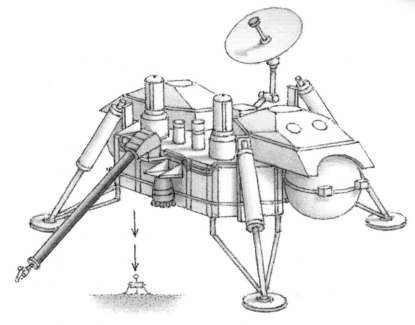

海盗 1 号是 1976 年在火星上软着陆的 2 架一模一样的海盗号探测器之一，它一直运行到 1982 年年底。

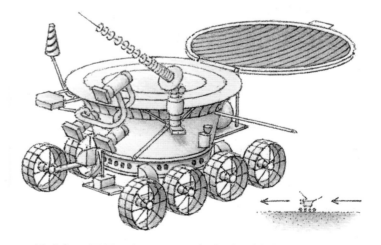

月球车 1 号是一架于 1970 年在这颗地球卫星上着陆的漫游车，它本来是为苏联的载人登月计划铺路的，到头来苏联却没有登上月球。

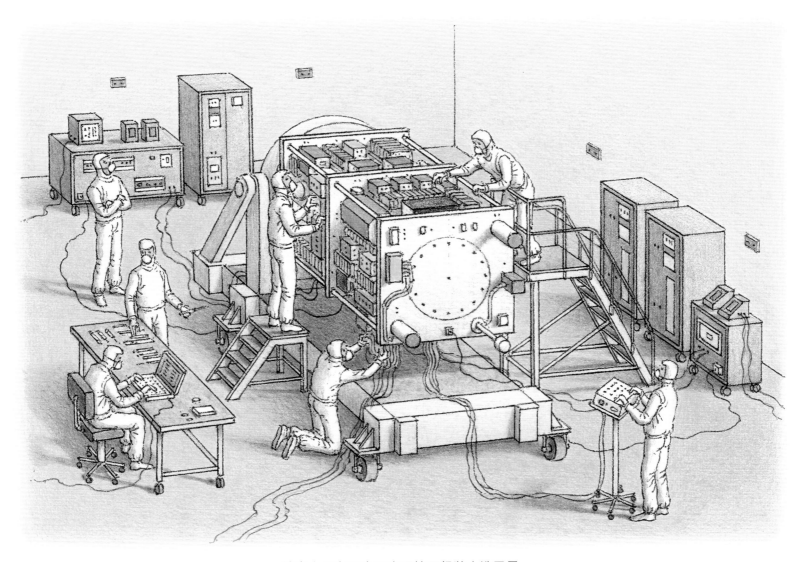

技术人员在干净无尘环境下组装人造卫星。

熙熙攘攘的天空

迄今为止[1]，飞到过月球或更远地方的空间飞行器不到 150 个，还真是不多。但离地球更近的地方，就是另一种情形了。在我们头顶的天空中，人造卫星绕着地球飞来飞去。已有 7000 多颗人造卫星发射升空，每隔几天还会有一颗新卫星上天。大概有 1200 颗[2]人造卫星还在工作，其他那些已经弃用的卫星，有一些离开原轨道去"墓地"轨道上继续默默飞行，剩下的早就在坠入地球大气层时

烧毁或瓦解了。

载人的人造卫星只有 1 颗，那就是国际空间站；其他卫星全都是自动的，以无线电波的方式把信息传回地球，由地面的天线接收。这里面有几颗卫星是向外瞭望的，比

① 编者注：指该书 2018 年首次出版时。
② 编者注：该数据截至 2018 年该书首次出版时。截至 2020 年 8 月 1 日，全球运行的人造卫星共有 2787 颗。

长途通话

通信卫星在高达近 3.6 万千米的轨道上飞行，使世界各地的人们以一种从前根本无法想象的方式保持联系。

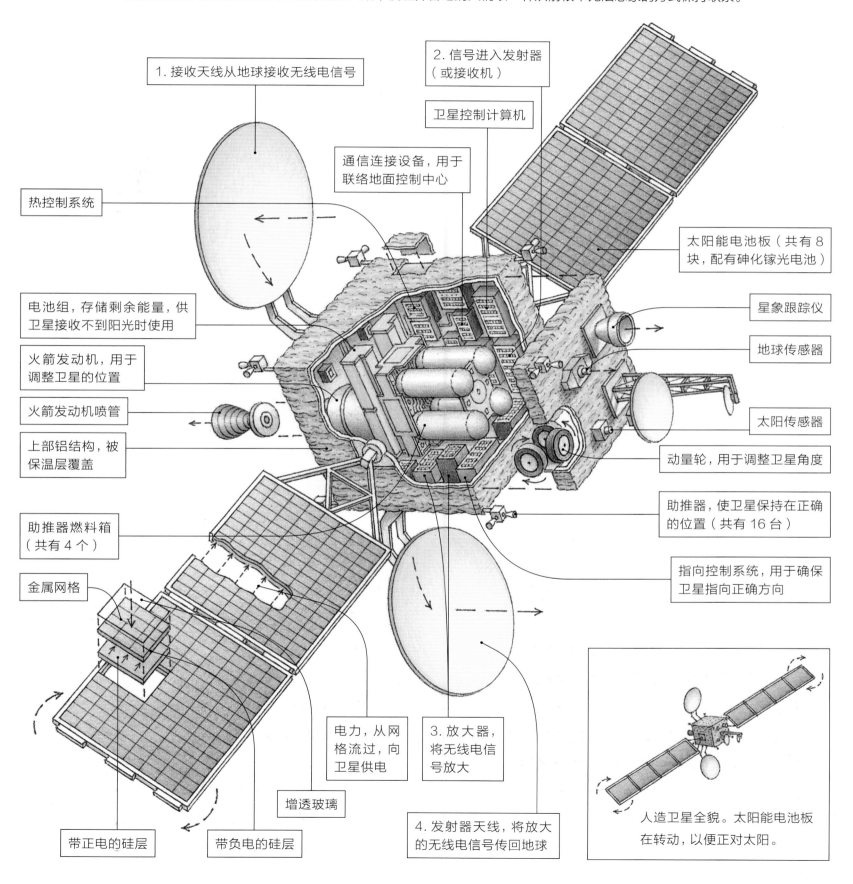

1. 接收天线从地球接收无线电信号

2. 信号进入发射器（或接收机）

卫星控制计算机

通信连接设备，用于联络地面控制中心

热控制系统

太阳能电池板（共有 8 块，配有砷化镓光电池）

电池组，存储剩余能量，供卫星接收不到阳光时使用

星象跟踪仪

地球传感器

火箭发动机，用于调整卫星的位置

火箭发动机喷管

太阳传感器

上部铝结构，被保温层覆盖

动量轮，用于调整卫星角度

助推器燃料箱（共有 4 个）

助推器，使卫星保持在正确的位置（共有 16 台）

金属网格

指向控制系统，用于确保卫星指向正确方向

电力，从网格流过，向卫星供电

3. 放大器，将无线电信号放大

带正电的硅层

带负电的硅层

增透玻璃

4. 发射器天线，将放大的无线电信号传回地球

人造卫星全貌。太阳能电池板在转动，以便正对太阳。

人造卫星

地球只有月球一颗天然卫星，却已经拥有数千颗人造卫星，它们在各式各样的轨道上承担着五花八门的工作。大部分人造卫星轨道接近圆形，但也有一些轨道偏心率很大的卫星，一头扎到地球近旁又远远地甩出去，就像绕日运行的彗星那样。

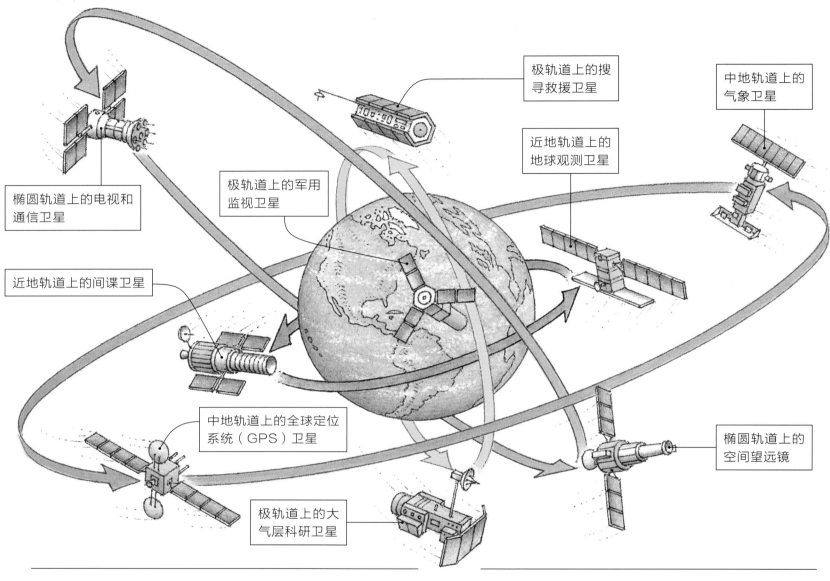

极轨道上的搜寻救援卫星

中地轨道上的气象卫星

近地轨道上的地球观测卫星

极轨道上的军用监视卫星

椭圆轨道上的电视和通信卫星

近地轨道上的间谍卫星

中地轨道上的全球定位系统（GPS）卫星

椭圆轨道上的空间望远镜

极轨道上的大气层科研卫星

不迷路

全球定位系统的卫星网络从 2 万千米高空的轨道上向使用卫星导航系统的驾驶员持续提供信息。地面控制站在精确追踪每颗卫星的同时，直接向驾驶员发送细微的路线改正信息。

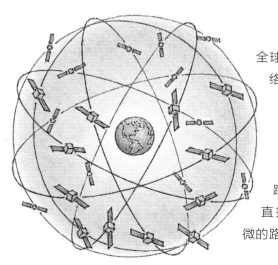

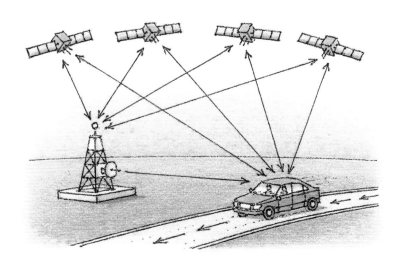

如各种空间望远镜，它们扫描外面的宇宙，把新发现回传给我们；剩下的都把目光聚焦于下面的地球。

人造卫星在通过各种各样的方式影响我们的生活。它们就是"卫星导航"这个词中的"卫星"，离开了它们，不知会有多少人陷入迷路的绝望，开着车四处乱闯。它们对通信同样举足轻重，大量用于电话、电视和互联网联络。它们还在为我们提供地球这颗行星当前状态的关键信息，持续追踪着从每天的天气情况到北极还有多少冰层覆盖、臭氧层的空洞有多大等各种各样的大事小情。它们还被越来越多地用于密切注视各个地方的人们都在做些什么。

人造卫星究竟在多高的地方飞，取决于它们是用来做什么的。有些卫星在近地轨道，绕地飞行高度几百千米，像国际空间站和几乎所有的空间望远镜都是。导航用的那些卫星叫全球定位系统（GPS）卫星，它们在中地轨道，离地表 2 万千米上下。在远地轨道，还有多得多的一批更远的卫星，准确地说是在海平面上方 35,786 千米，你会在这里找到大多数通信人造卫星。

为什么偏偏是 35,786 千米？这个嘛，背后都是物理学。由于引力的缘故，在某个特定距离处绕地球飞行的物体，倘若速度恰好合适，只要没有什么东西去阻拦，它就会一直保持那个距离不变，也就是在所谓的稳定轨道飞行。某个稳定轨道所对应的合适的飞行速度是多快，取决于物体离地球中心有多远；离得越远，速度越慢。

国际空间站所在的轨道，位于海平面上空刚过 400 千米的高度，这里离地心的距离略不足 6800 千米；这个距离处的稳定轨道，对应的飞行时速是 27,600 千米；飞得这么快、离地心这么远的国际空间站，每约 93 分钟就绕地球飞完一圈。地球绕自转轴转一圈用时略少于 24 小时，这就是所谓的恒星日；地球自转完一周时，国际空间站已经绕地飞行 15 圈半了。而在海平面上方 35,786 千米，

也就是远地轨道卫星所在的高度，稳定轨道速度是每小时 11,160 千米；以这个速度飞行的人造卫星绕地球飞完一圈，用时是整整一个恒星日。

这种轨道称作地球同步轨道。地球同步轨道上的人造卫星，每天的同一时间都在天空中的同一位置出现。如果卫星轨道沿着地球赤道面，那它就时时刻刻都处于一个固定地点的上空了，也就位于所谓的静地轨道。在望远镜的视野里，静地轨道上的人造卫星看上去一动不动，跟天上其他一切都不一样。

静地轨道的用处太大了，因为用来接收卫星信号的地面天线不用动，只要指向天空中卫星所在方位就好了。所以说，虽然人造卫星本身造价高昂，发射也相当不易，还得用强有力的信号跟远在天边的它们保持联络，但总的来说，整套系统性能可靠，运行成本也相对低廉。

那么全球卫星定位系统中用于导航的卫星呢？它们绕地球一圈刚好 12 小时，所以是在半同步的轨道，每天飞回天上同一位置两次。卫星导航系统的时钟十分精准，并且时刻都对这些卫星当前应该在轨道上的什么方位了如指掌。导航系统从人造卫星接收信号，用这些信息精确计算出自己在哪里，并在系统预存的地图上把当前位置标出来；它还能用电脑算出奔赴指定目的地的最佳路线，再通过持续自我更新，把用户带到目的地去。

这一切看上去似乎相当现代化、高科技，但从原理上讲，这其实跟水手们几个世纪以来所用的导航方法没有多大分别，只不过水手们用的是远在天边的恒星，不是人造卫星而已。他们通过记录不同的恒星在夜空中的方位，结合已知的当前时间，就能算出自己在地球上，或者说在大海上的什么地方。当然，没有计算机告诉他们该走什么路线，他们只能自己做出决策。

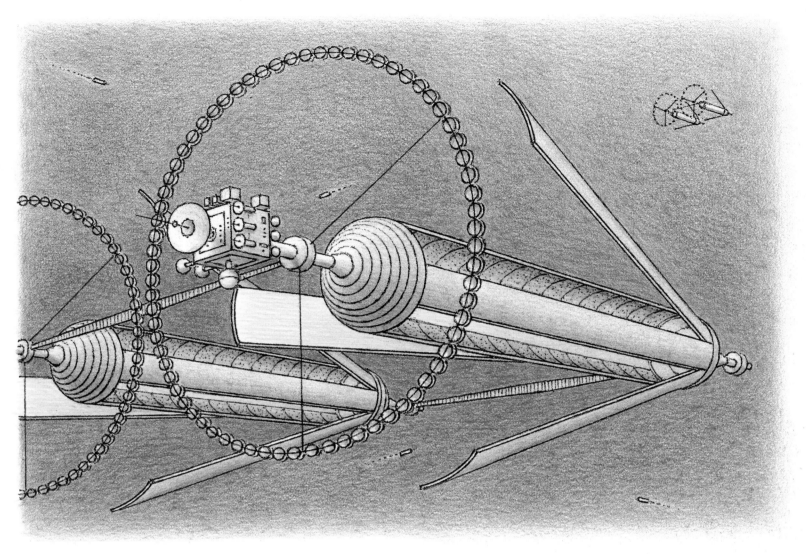

奥尼尔圆筒，长 30 千米，是人们想象中的太空家园。

我们接下来怎么做？

1969 年 7 月，当阿姆斯特朗踏上月球，迈出历史性的那一步时，很多人以为一番伟大的太空探险将从此拉开帷幕：月球旅行将常态化，甚至将建立月球定居地，人们很快就会奔赴远得多、深得多的地方，足迹将遍布整个太阳系。

结果事情完全没有这样发展。从 1972 年阿波罗计划最后一次执行航天任务至今，没有人去过近地轨道以外的太空。导致这种状况最重要的原因之一，很简单，就是经费不足。

载人登月只是一场竞赛，是美苏两个超级大国在全世界的注视下为了赢得荣耀而进行的激烈竞争，经费开支大到难以想象的程度。竞赛一结束，双方很快就没兴趣再往里投入巨资了。金星和火星这 2 颗最近的行星邻居原来都不适宜人类居住，这也使各国政府泄了气，不愿再大费周章地发展载人登陆计划。人们把精力投放在发展卫星技术、地面天文学和遥控无人航天器等其他事情上了。这些工作某种程度上虽然没那么让人心驰神往，却用天差地别的低廉成本结出了累累硕果。

当然，太空生涯也没有就此罢休。这些年来，有几百名宇航员在各式各样的轨道空间站里停留过，时间较近的是国际空间站和中国的天宫二号。当然，太空探索一直活跃在人们的想象世界里，活跃在电影、书籍、电视节目和电子游戏中。

如今，又有人开始认真重提载人飞向深空、建设月球基地和载人登陆火星这些事了。对上述任何一件事来说，如何实现都是大问题，登陆火星尤其如此。

理论上，人类去火星的可能性应该已经有了。毕竟我们能把机器人送到那里，能造出载人登月的飞船，也知道去火星路上的 7 个月里宇航员是可以在太空生存的。把这些放到一起来看，载人火星之旅肯定不会太难吧？可这只是理论上而已，要付诸行动，事情就复杂多了。

首先，在太空中长期生活过的人全都只是待在近地轨道，这与穿越深空的漫长旅行不可同日而语。特别是，在去往火星的路上，宇航员们会暴露在大量对人体有害的宇宙射线和太阳风中。虽说或许能设法把飞船的居住舱屏蔽起来，比如用水、塑料或液氢（这会导致火箭携带的燃料翻一番），但还没有谁能拿出什么切实可行的设计方案。

假设我们真就成功把人送上火星了呢？那么接下来是真正的大问题：再把他们带回家。为了能从火星回来，宇航员们出发飞往火星时，或者乘坐的飞行器必须能用于返航，或者带上返航用的飞行器，或者在火星上造一个飞行器。任何一种方案都会让去程的筹备复杂度大增，况且还有燃料的问题。

我们知道，飞船要从行星（或行星的卫星）的表面回到太空，需要能量来克服重力和大气层的阻力，所以需要燃料。具体要多少燃料，要看飞船有多大、大气层有多浓厚、重力有多强，而这些，又取决于行星或卫星的大小和质量。

克服地球的重力和空气阻力需要巨大的能量，所以即使我们只发射很小的空间飞行器，也要动用很大的火箭，并带上大量燃料。月球比地球小，重力弱得多，又没有大气层，因此从月球表面发射就不需要那么多能量，连登月舱那样小的飞行器都能轻松带够所需的燃料。火星介于二者之间，它比地球小得多，表面重力还不到地球的一半；它的大气也稀薄得多，因而空气阻力更小。不过，从火星表面发射飞行器所需要的能量，还是远比从月球发射要多得多。

这些燃料，要么只好从地球带过去，要么就从火星上获取。从地球带燃料，会导致去程的空间飞行器重量大幅度增加，还会让登陆火星的过程凶险万分。而我们还不具备从火星上提取或制造燃料的技术。不管怎么说，就算能从火星上获得燃料，要用到的设备也只能从地球带过去。

目前来看，这些方案都不现实。所以有人提议，最先实现的载人火星之旅更可能会是飞掠火星；宇航员绕火星飞行之后启程返航，或者在火星那 2 颗小小的卫星之一上着陆，从那里再起飞返航就容易了。还有另一个选项：只去不回。这个方案有人认真提议过，不少人甚至写下了自己的名字打算参加这次探险，可谁知道事到临头之时，会有多少人真的做好准备启程上路呢。

现实地讲，这一切还都是遥不可及的事。有很多人主张，更合理的方式是先试着在月球上建一个基地，或许可以建在月面以下。从那里起飞和降落比在地球上容易太多了，对更远更深的太空旅行来说，这里就成了一个大有用处的起点。当然，这意味着所有的东西还是只能先从地球运过去，就当前来说，也就意味着还是要动用造价高昂、浪费巨大的火箭。

在火星上安个家？

人类离定居火星仍长路漫漫，但如果终有一天得以实现，我们的火星属地可能差不多是这样的。火星不同于地球，面对有害的宇宙射线和太阳辐射，它没有磁层保护自己的居民免受其害，我们只能生活在有效防护外界辐射的建筑物中。就像在月球上或太空中一样，任何人外出都必须穿好防护服、戴好呼吸装置。

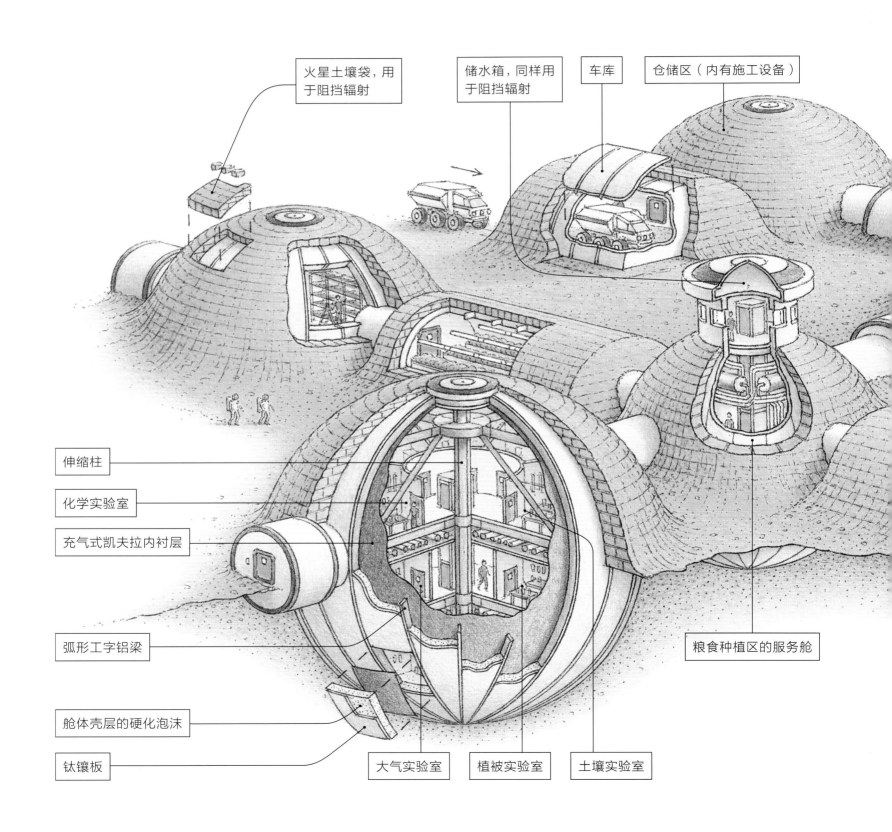

火星土壤袋，用于阻挡辐射

储水箱，同样用于阻挡辐射

车库

仓储区（内有施工设备）

伸缩柱

化学实验室

充气式凯夫拉内衬层

弧形工字铝梁

舱体壳层的硬化泡沫

钛镶板

大气实验室

植被实验室

土壤实验室

粮食种植区的服务舱

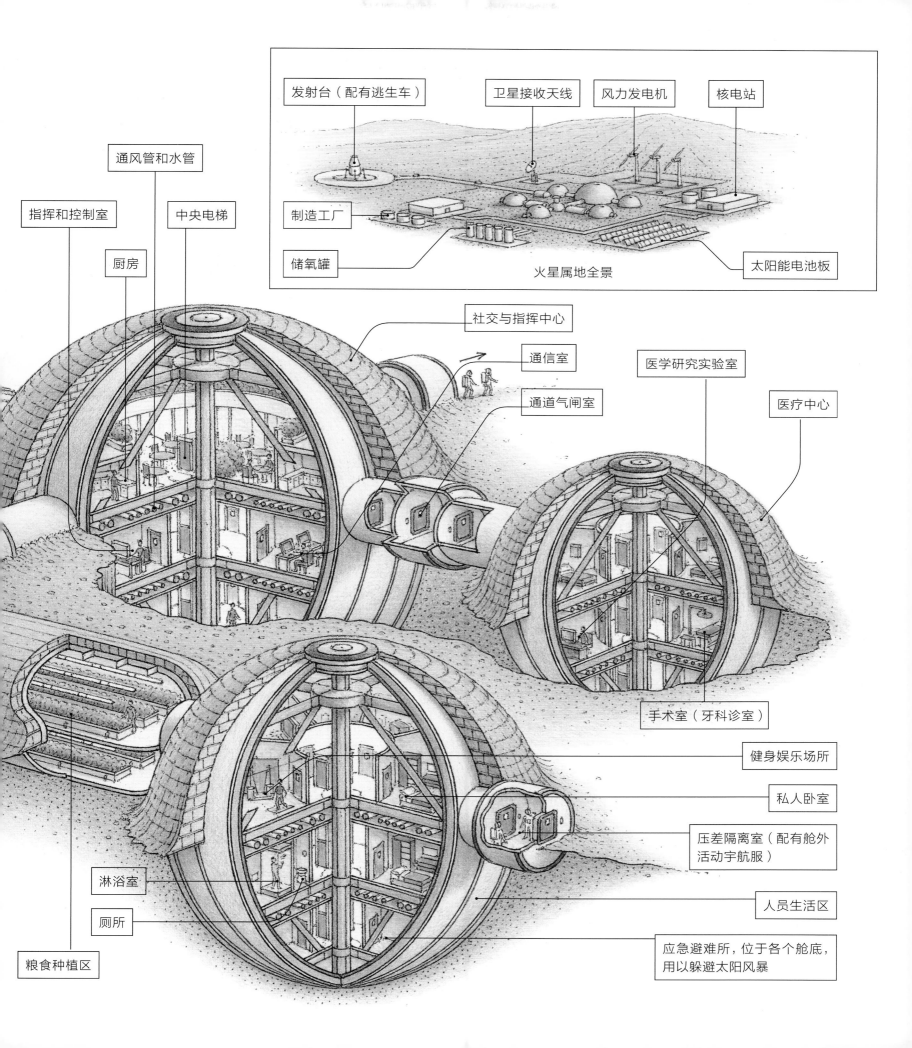

发射台（配有逃生车）

卫星接收天线

风力发电机

核电站

制造工厂

储氧罐

火星属地全景

太阳能电池板

通风管和水管

指挥和控制室

中央电梯

厨房

社交与指挥中心

通信室

通道气闸室

医学研究实验室

医疗中心

手术室（牙科诊室）

健身娱乐场所

私人卧室

压差隔离室（配有舱外活动宇航服）

淋浴室

厕所

人员生活区

粮食种植区

应急避难所，位于各个舱底，用以躲避太阳风暴

如果能找到更好的办法先把物资送上太空，这一切都可能大为改观。有人为此提出过最激动人心的想法之一：造一架太空电梯。在静地轨道上搭建平台，再用绳索连接数万千米外的平台，就可以升降物资了。听上去像是天方夜谭，但至少有理论上的可能性。太空电梯造价之高难以想象，可一旦建成开始运转，运载人员、机械装置和燃料上天的开销就会远远低于动用火箭了。

有了太空电梯，说不定就有可能造出航天器，载人飞到太阳系的行星和卫星那里去了。发明家们甚至已经提出了太空殖民地的想法，这些住着成千上万人的人造世界，在飞越太空的同时快速旋转，以便产生类似地球重力的效果。

这些想法没有一个会在近期实现，也可能永远都实现不了。比方说，也许事实证明，搭建太空电梯实在是造价太高，技术困难太大。不过呢，要说几百年后人类会遍布整个太阳系，恐怕也未必只是痴人说梦。

那再往更远更深处呢？我们知道数不尽的恒星和陪伴其左右的行星就在那里，可要说人类未来终将造访它们，可能性又有多大呢？现在真的只是梦想而已。它们离我们实在是太过遥远了，物理学定律在拆我们的台。还记得吗？旅行者1号飞到太阳系最外围的边缘要用上3万年，可相比于太阳系外最近的恒星系统，这还没飞到半程哩。我们说不定能造出比旅行者1号速度快上许多的飞船，但还没有什么已知的技术能把旅行时间显著缩短；

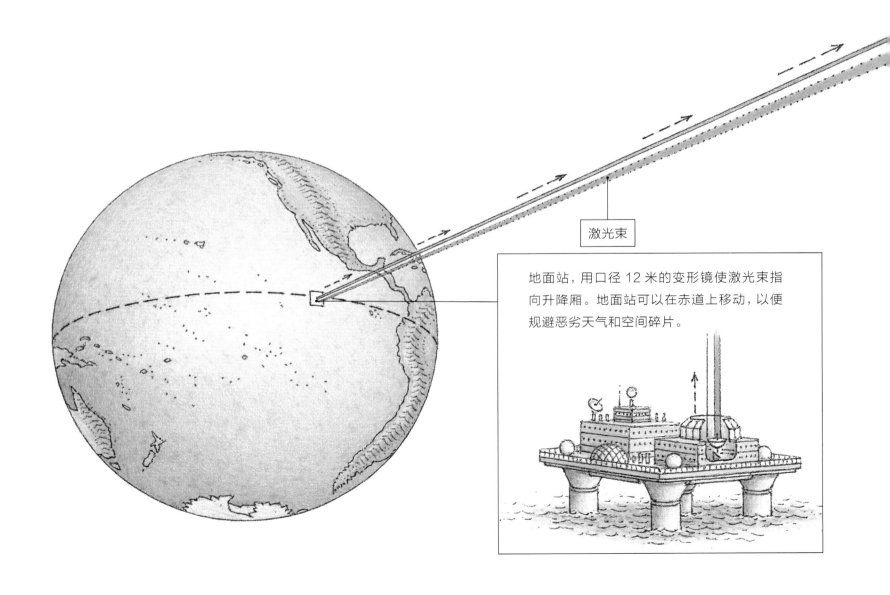

激光束

地面站，用口径12米的变形镜使激光束指向升降厢。地面站可以在赤道上移动，以便规避恶劣天气和空间碎片。

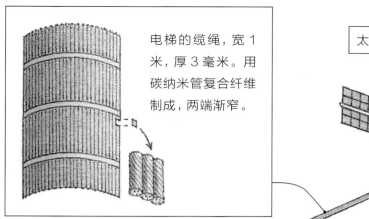

电梯的缆绳，宽 1 米，厚 3 毫米。用碳纳米管复合纤维制成，两端渐窄。

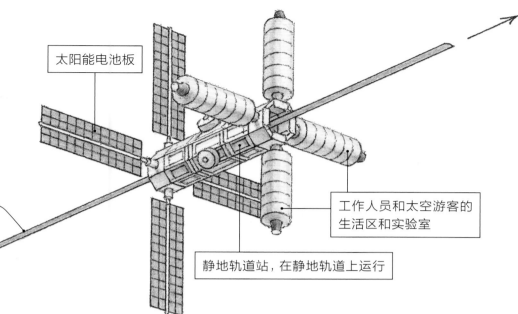

太阳能电池板

工作人员和太空游客的生活区和实验室

静地轨道站，在静地轨道上运行

光伏管，将激光束转化成电能，向升降厢供电

造一架太空电梯？

我们如果将来能定居火星，在此之前应该已经把太空电梯之类的东西建成了。它所用到的技术大都已经有了，但鉴于这项宏伟工程的困难和巨额开支，谁也不知道最终建成并投入使用的那一天能否到来。

升降厢，可搭载 30 人，客舱位于货舱之上，在缆绳上的爬升时速达 200 千米，到达静地轨道站需 5 天。为安全穿过范艾伦辐射带，客舱带有辐射防护。

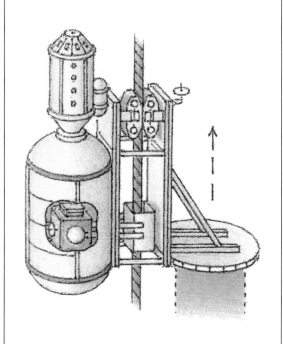

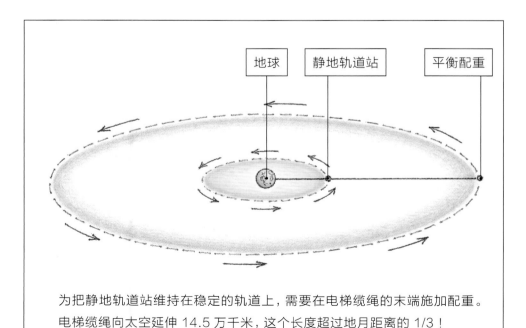

地球　　静地轨道站　　平衡配重

为把静地轨道站维持在稳定的轨道上，需要在电梯缆绳的末端施加配重。电梯缆绳向太空延伸 14.5 万千米，这个长度超过地月距离的 1/3！

这是因为，除非我们完全把物理规律理解错了，不然任何物体在宇宙中运动的速度都存在一个绝对上限，那就是光速。即使飞船以接近光速飞行，再用上比人类寿命长好多倍的时间，也只能探测到银河系一条旋臂的一个小小角落里最微不足道的一隅而已。

可我们不该心灰意冷。想象力可以让我们想飞多远就飞多远，况且我们还能在别处有所作为。我们已经造出了跨越大洲的干涉望远镜阵列，理论上我们还能让它们遍布整个太阳系。这样的望远镜会让我们以不可思议的细致程度一览身外这个浩瀚宇宙的种种风景。谁知道那时我们会发现那里有什么东西或者有什么生命呢？当然，我们对其他世界了解得越多，可能就越是懂得欣赏这颗被我们称作"家"的行星，欣赏它多么无与伦比，懂得它何等弥足珍贵。

索引、年表与术语表

科学家、宇航员等

阿利斯塔克（Aristarchus of Samos）12—13，60

埃拉托色尼（Eratosthenes）12，60

艾伦·谢泼德（Alan Shepard）24

艾萨克·牛顿（Isaac Newton）16，21，60

奥古斯特·皮卡尔（Auguste Piccard）18，61

巴兹·奥尔德林（Buzz Aldrin）25

保罗·吉普弗（Paul Kipfer）61

查克·贝里（Chuck Berry）10

伽利略·伽利雷（Galileo Galilei）12—13，16，60

康斯坦丁·齐奥尔科夫斯基（Konstantin Tsiolkovsky）21，28，61

克罗狄斯·托勒密（Claudius Ptolemy）12，60

罗伯特·戈达德（Robert Goddard）21，61

迈克尔·柯林斯（Michael Collins）25

尼尔·阿姆斯特朗（Neil Armstrong）25，52

尼古拉·哥白尼（Nicolaus Copernicus）13，16，60

儒勒·凡尔纳（Jules Verne）18，21，61

瓦莲京娜·捷列什科娃（Valentina Tereshkova）62

威廉·赫舍尔（William Herschel）16，61

沃纳·冯·布劳恩（Wernher von Braun）24

喜帕恰斯（Hipparchus）12，60

谢尔盖·科罗廖夫（Sergei Korolev）21，24—25

尤里·加加林（Yuri Gagarin）24，62

约翰·肯尼迪（John F. Kennedy）25

天体与星系

本星系群（Local Group of Galaxies）8—9

地球（Earth）6—10，12—13，17，21，24—25，28—30，34，38—51，53—54，56—57，60—64

海王星（Neptune）7—10，16，43，46，61，63

彗星（Comets）8—10，16，38，50，63

火星（Mars）8—10，12，32，40，42—44，45—47，52—55，57，62—63

金星（Venus）8—10，12—13，15，30，42，47，52，62—63

柯伊伯带（Kuiper Belt）8

拉尼亚凯亚超星系团（Laniakea Supercluster）9

猎户臂（Orion Arm）8

冥王星（Pluto）8，63

木卫二（欧罗巴，Europa）46

木卫三（该尼墨得斯，Ganymede）46

木卫四（卡利斯忒，Callisto）46

木星（Jupiter）6—8，10，12—13，30，43，46—47，62

欧皮克－奥尔特云（Oort Cloud）7

水星（Mercury）8—10，12，42—43，46，62

太阳（Sun）7—10，12—14，38—39，42—43，46，49，60，63—64

太阳系（Solar System）5，7—10，38，41—43，46—47，56，58，63—64

天王星（Uranus）7—10，16，43，46，61，63

土卫二（恩赛勒达斯，Enceladus）46

土卫六（泰坦，Titan）41，46，63

土星（Saturn）6—8，10，12，41，43，46，62

小行星带（Asteroid Belt）9

星系（Galaxies）7—10，64

银河系（Milky Way）6—8，10，56，64

宇宙（Universe）8—13，17，24，38—39，48，51，56，58，63—64

月球（Moon）10—13，18，25—27，32，38—39，42—43，47—48，50，52—54，62

飞行器

阿波罗 8 号（Apollo 8）25，62

阿波罗 9 号（Apollo 9）25

阿波罗 10 号（Apollo 10）25

阿波罗 11 号（Apollo 11）25，62

东方 1 号（Vostok 1）24

洞察号火星车（InSight Rover）43

菲莱号（Philae）63

哥伦比亚号（Columbia）32

国际空间站（International Space Station）22，30，34，

36—37，40，51，53，63—64

航天飞机（Space Shuttle）28，30—33，63

海盗 1 号（Viking 1）47

好奇号火星车（Curiosity Rover）45，63

惠更斯号（Huygens）41，46，63

伽利略号（Galileo）30

金星 4 号（Venera 4）47，62

卡西尼号（Cassini）43，46

卡西尼 - 惠更斯号（Cassini-Huygens）46

旅行者 1 号（Voyager 1）6—7，10，56，62—63

旅行者 2 号（Voyager 2）7—10，62—63

罗塞塔 - 菲莱号（Rosetta-Philae）63

麦哲伦号（Magellan）47

全球定位系统卫星（Global Positioning System satellites）

50—51

斯普特尼克 1 号（Sputnik 1）24，62

水手 2 号（Mariner 2）42，62

水手 4 号（Mariner 4）42，62

太空发现之旅年表

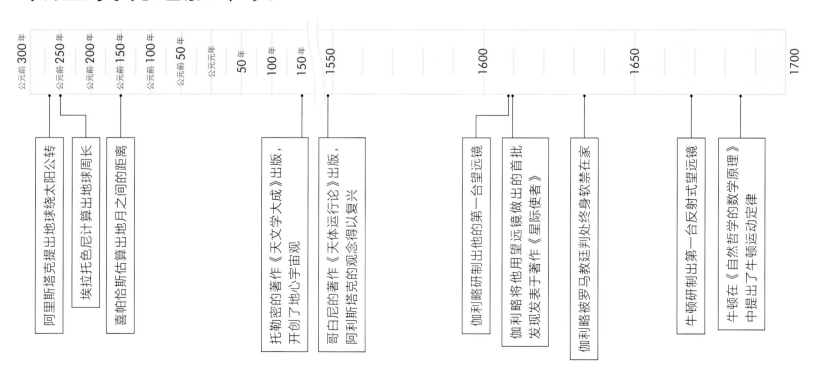

水手 10 号（Mariner 10）62

探险者 1 号（Explorer 1）21

天宫二号（Tiangong 2）53，63

挑战者号（Challenger）32

先驱者 10 号（Pioneer 10）7，46—47，62

先驱者 11 号（Pioneer 11）7，46，62

新视野号（New Horizons）7，63

亚特兰蒂斯号（Atlantis）32

月球车 1 号（Lunokhod 1）47

望远镜与天文台

阿雷西沃射电望远镜（Arecibo Radio Telescope）17

北京古观象台 11

反射式望远镜（Reflecting Telescope）13—14，16—17，
21，60

光学望远镜（Optical Telescope）16—17

哈勃空间望远镜（Hubble Space Telescope）17，30，63

海尔望远镜（Hale Telescope）13

欧洲南方天文台（European Southern Observatory）14，17

帕拉纳尔天文台（Paranal Observatory）14

帕洛玛天文台（Palomar Observatory）13

射电望远镜（Radio Telescope）16—17，61

甚大望远镜（Very Large Telescope）17

天文可见光及红外巡天望远镜（Visible and Infrared Survey
Telescope for Astronomy）15

叶夫帕托里亚 RT-70 射电望远镜（Yevpatoria RT-70）16

叶凯士天文台（Yerkes Observatory）12

折射式望远镜（Refracting Telescope）12，16

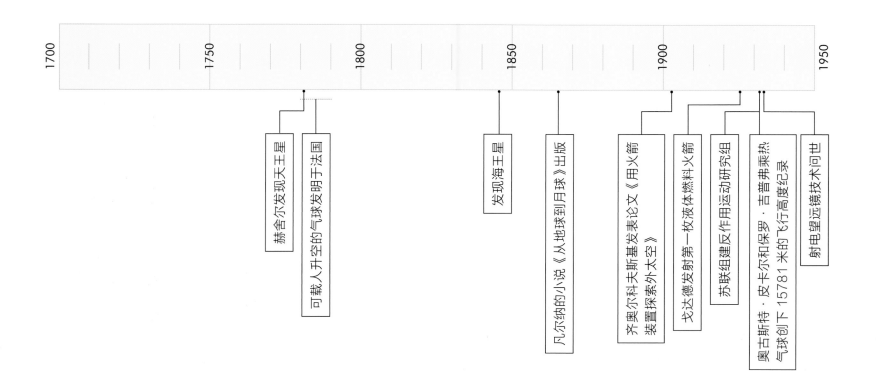

术语表

阅读本书时，你会遇到许多从未见过或者感到晦涩难懂的词汇，我们试图在术语表里做些解释。篇幅所限，无法将这些词汇全部收录，所以只选择了那些我们认为最重要的。不知读者是否赞同我们的选择？

矮行星：一种绕日公转的天体，大小跟行星接近，但还是小一些。

大气层：包裹着恒星、行星或卫星等天体的气体层。

等离子体：一种特殊形式的物质，类似于气体，几乎总是高温。

地球：我们生活的行星。

电视摄像机：把活动图像或静止景物的影像转换成视频信号的设备。包括彩色电视摄像机和黑白电视摄像机两种。

防热层：航天器的覆盖物，防止航天器再入地球大气层时变得过热。

飞行器：能离开地面飞行的机器或装置的总称。分为航空器、航天器、宇航器、火箭与导弹等。在地球大气层内飞行的称为航空器，如气球、飞机等；在地球大气层外、太阳系内飞行的称为航天器，如人造地球卫星、载人飞船等；在太阳系外

太空探测之旅年表

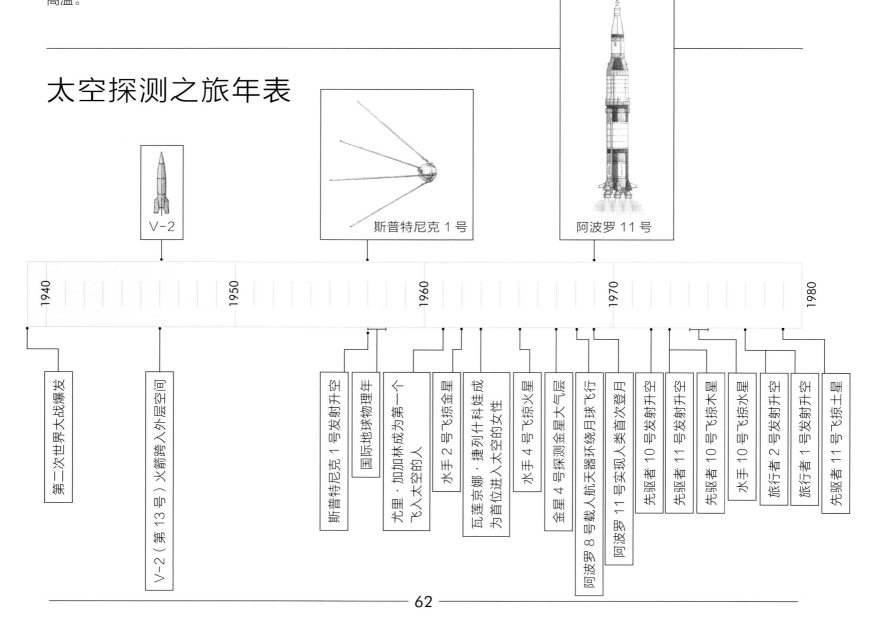

V-2

斯普特尼克 1 号

阿波罗 11 号

1940　1950　1960　1970　1980

第二次世界大战爆发

V-2（第 13 号）火箭跨入外层空间

斯普特尼克 1 号发射升空

国际地球物理年

尤里·加加林成为第一个飞入太空的人

水手 2 号飞掠金星

瓦莲京娜·捷列什科娃成为首位进入太空的女性

水手 4 号飞掠火星

金星 4 号探测金星大气层

阿波罗 8 号载人航天器环绕月球飞行

阿波罗 11 号实现人类首次登月

先驱者 10 号发射升空

先驱者 11 号发射升空

先驱者 10 号飞掠木星

水手 10 号飞掠水星

旅行者 2 号发射升空

旅行者 1 号发射升空

先驱者 11 号飞掠土星

飞行的称为宇航器，目前尚处于探索阶段。

轨道：一个天体围绕更大天体运行、在太空中所形成的椭圆路径。地球沿轨道绕太阳运行，月球沿轨道绕地球运行。

恒星：太空中由炽热气体组成、能自己发光的天体。

彗星：一种类似小行星的天体，绕日运行的轨道是扁长的椭圆，接近太阳时会发光或者拖出一条长长的尾巴。

火箭：用火箭发动机推动的航天器或飞行装置。

火箭发动机：一种自己携带所有燃料、通过将燃料产生的气体从一个或多个喷管排出的方式工作的发动机。

空间飞行器：在地球大气层以外宇宙空间运行的飞行器。

空间探测器：对宇宙中的天体和空间进行探测的无人航天器。

年：行星沿轨道绕太阳公转完整一周所用的时间；一个地球年是约 365 个地球日；一个火星年是约 687 个地球日。

人造卫星：全称人造地球卫星，用火箭发射到天空，按一定轨道绕地球运行的人造天体。

摄像机：用来摄取人物、景物并记录声音的装置。

太空：地球大气层之外的整个宇宙。

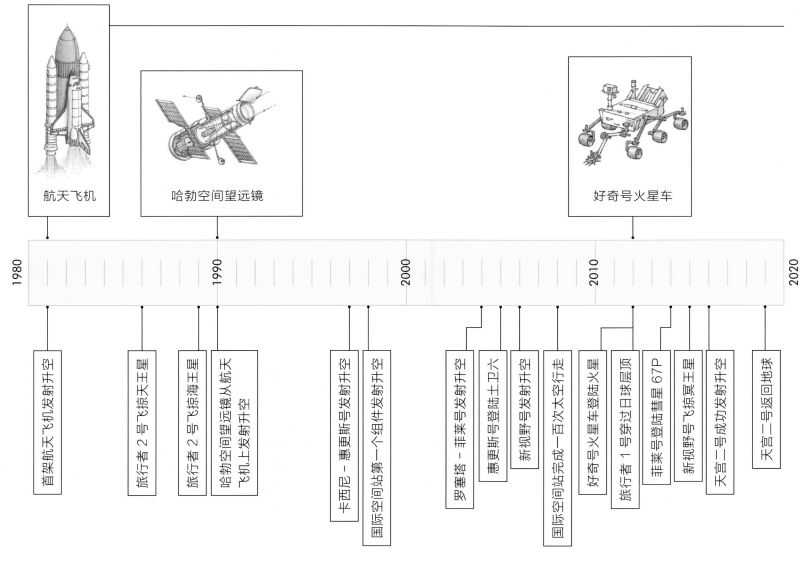

航天飞机

哈勃空间望远镜

好奇号火星车

1980　　　1990　　　2000　　　2010　　　2020

首架航天飞机发射升空

旅行者 2 号飞掠天王星

旅行者 2 号飞掠海王星

哈勃空间望远镜从航天飞机上发射升空

卡西尼 - 惠更斯号发射升空

国际空间站第一个组件发射升空

罗塞塔 - 菲莱号发射升空

惠更斯号登陆土卫六

新视野号发射升空

国际空间站完成一百次太空行走

好奇号火星车登陆火星

旅行者 1 号穿过日球层顶

菲莱号登陆彗星 67P

新视野号飞掠冥王星

天宫二号成功发射升空

天宫二号返回地球

太阳：位于我们太阳系中心的恒星。

太阳风：从太阳大气层射出的高速带电粒子流，它以高速穿越太阳系向外飞去。

太阳系：以太阳为中心、受太阳引力影响的宇宙空间。

天然卫星：围绕行星运行的天体，本身不能发光。

天文学：对天体及其他宇宙物质进行观测和理论研究的科学。研究天文学的人称为天文学家。

椭圆：或多或少被拉长的圆圈。

望远镜：用来观察遥远物体的仪器。

小行星：沿椭圆轨道绕日运行不易挥发出气体和尘埃的小天体。

星际空间：太阳系外的宇宙空间。

星系：由无数恒星和星际物质组成的天体系统。

行星：沿轨道绕恒星公转的大型球状天体。

银河系：星系的名称，我们的太阳系是它的一部分。

引力：宇宙万物彼此互相吸引的力。太阳与行星之间的引力把行星维持在绕日轨道上，地球与我们之间的引力把我们维持在地球表面。

有效载荷：火箭带上太空的有用的东西，比如人造卫星、宇航员，或者为国际空间站供应的食品。

宇航员：驾驶航天器，并在航天活动中从事科学研究或军事活动的人员。

宇宙：所有的一切！

宇宙飞船：用多级火箭做运载工具，从地球上发射出去能在宇宙空间航行的飞行器。

宇宙射线：在太空中极快飞过的微小粒子，有些会飞进地球大气层。

再入：航天器返航重新进入地球大气层的过程。

照相机：照相的器械，光学照相机由镜头、暗箱、快门以及测距、取景、测光等装置构成。

原始文献

我们十分感激那些启发我们创作的作者和艺术家们。我们从许许多多的书籍和网页中搜索那些能让本书的文字和插图确切可靠的详细信息。下面将最有用的资料选列了一些：

Baker, David: *International Space Station: 1998–2011 (all stages)* (Owners' Workshop Manual)

Baker, David: *NASA Mars Rovers Manual: 1997–2013 (Sojourner, Spirit, Opportunity and Curiosity)* (Owners' Workshop Manual)

Bell, Jim: *The Space Book* (Sterling Milestones)

Godwin, Robert: *Russian Spacecraft* (Pocket Space Guides)

Godwin, Robert: *Hubble: Space Telescope* (Pocket Space Guides)

Joels, Kerry Mark; Kennedy, Gregory P.; Larkin, David: *The Space Shuttle Operator's Manual*

Kitmacher, Gary: *Reference Guide to the International Space Station*

Riley, Christopher; Dolling, Phil: *NASA Apollo 11: 1969* (Owners' Workshop Manual)

Sagan, Carl: *Cosmos*

Sparrow, Giles: *Spaceflight: The Complete Story from Sputnik to Shuttle – and Beyond*

eso.org

nasa.gov

nasa.quest

science.howstuffworks.com

space.com

spaceflightnow.com

wikipedia.org